U0241616

臺灣味道

【增补版】

焦桐 著

生活·讀書·新知三聯書店

本书经由二鱼文化出版授权生活·读书·新知三联书店在中国大陆出版发行

图书在版编目（CIP）数据

台湾味道：增补版/焦桐著. —北京：生活·
读书·新知三联书店，2017.7
ISBN 978 - 7 - 108 - 05971 - 0

Ⅰ.①台… Ⅱ.①焦… Ⅲ.①饮食－文化－台湾
Ⅳ.① TS971

中国版本图书馆 CIP 数据核字（2017）第 102933 号

责任编辑　王　竞
装帧设计　蔡立国
责任印制　张雅丽
出版发行　**生活·讀書·新知** 三联书店
　　　　　（北京市东城区美术馆东街 22 号 100010）
网　　址　www.sdxjpc.com
经　　销　新华书店
印　　刷　北京隆昌伟业印刷有限公司
版　　次　2017 年 7 月北京第 1 版
　　　　　2017 年 7 月北京第 1 次印刷
开　　本　889 毫米×1230 毫米　1/32　印张 7.625
字　　数　130 千字　图 150 幅
印　　数　00,001－10,000 册
定　　价　39.00 元
（印装查询：01064002715；邮购查询：01084010542）

台湾味道

臺灣味道

目　录

序 诗人的美食

陈平原

　　我与焦桐（叶振富）相识多年，每次见面，都是推杯把盏，晤谈甚欢。不过，最近几年，谈话内容发生了微妙的变化。先是新诗，后转为文学史，接下来出版市场，最近则是饮食文化。那是因为，早先以食谱形式写实验性很强的新诗（《完全壮阳食谱》），而后转为以诗人之眼品鉴美食（《餐馆评鉴》），移步变形中，焦桐的主要名声，已逐渐从"诗人"转变为"美食家"。

　　想想也是，"诗歌"与"美食"，虽然都是好东西，后者受众更广，更能博得大众传媒的青睐。原本假戏真唱，唱着唱着，竟唱出一个"生猛有力"的美食家来。围绕"饮食文学与文化"，焦桐写散文，编杂志，搞评鉴，开课程，还组织国际学术会议，一路风生水起，让朋友们看得目瞪口呆。今天的焦桐，出版诗集或文学史著，不见得有多少人捧场；而谈美食的《暴食江湖》《台湾味道》等，一经推出，很快被评为"年度好书"。

　　每次访台，与这位诗人／美食家见面，都会被他拉到"新发现"的一家餐馆。用过餐后，往往还有主管或大厨出来"请教"。我有点担忧，你不是主持"餐馆评鉴"吗？人家这么客气，评鉴时会不会手下留情？要真是这样，岂不等于利益输送？为了打消我的疑虑，焦桐花了大半天时间，详细介绍他的"餐馆评鉴"是如何运作的。那些高度保密的评审委员，需对本地美食十分了解，有开阔的文化视野，且对饮食充满热情，这样的卓绝之士，岂能被蝇头小利所收买？谈及评委会提供一定经费，请评审委员到各地餐馆去随意品尝，焦桐怕我见猎心喜，赶紧添一句：当评委你是不够格的，因为，光有热情还不够，还得有深厚的积累，所谓"一世长者知居处，三世长者知服食"是也。

这也让我换一个角度，思考餐馆主人（厨师）与食客的关系——其中有金钱的因素，但不全是。或许，同样也是"知音难求"。就像剧场中的演员与观众，二者互相支援，方才成就一台好戏。精致的食品，需要好食客的掌声鼓励。《台湾味道》中，常提及某餐馆主人如何精于厨艺，我担心有"广告"之嫌，在焦桐则纯是老饕口吻——不断地"惊艳"，这位食客兼作者确实脾胃壮，兴致高。

这里有个关键，焦桐所评鉴或激赏的，大都是价廉物美的小吃。常听暴发户夸耀，一顿饭吃了多少钱；更有某文化名人口出狂言：多少钱以下的菜不值得吃！近年中国大陆饮食业的风气不好，从餐馆装修到员工服饰，再到饭店命名、菜色定位，全都走"奢华"一路。连北大西门外的小饭馆，都打出"皇家气派，情系大学生"的招贴，让人哭笑不得。我在台湾四处游玩，或请客，或被请，都在普通餐馆，宾主皆欢，从未见以价格昂贵相夸耀的。因为，比起"大餐"来，"小吃"更有文化，也更见性情。

我欣赏《台湾味道·自序》的说法："最能代表台湾特色的，

莫非风味小吃。台湾特色饮食以小吃为大宗，小吃大抵以寺庙为中心而发展。先民离乡背井来台，自然需要到寺庙拜拜祈福，人潮渐多，香火渐旺，庙埕乃成为市集，庙前小吃经历代相传，蒂固为人心依赖的老滋味，炉火旺盛。"以我的观察，小吃的专业化与精致化，确是台湾饮食的一大特点。刻意推崇"庶民美食的精华"，有无"政治正确"方面的考量，这里暂且不论；但就写文章而言，谈"小吃"更容易见文采。就以酱油膏和炒米粉为例："优质的酱油膏随便蘸什么都好吃，爽口，开胃，荤食如五花肉、白斩鸡；素食如竹笋、山苏，它含蓄地衬托食物，像一个谦逊而智慧的女子退居幕后，成就她很平庸的另一半。"（《酱油膏》）这话多精彩！至于从小说家黄春明的"米粉美学"，到散文家林文月炒米粉的诀窍，再到自家如何对付这炒煮两宜的食材，焦桐的《炒米粉》写得妙趣横生，让我辈对这再普通不过的食物另眼相看。

这就说到《台湾味道》的特点了，毕竟是文章，不是食谱；用数十种食物来描写台湾的"味道"，这就决定了其必须有历史，有文化，有美感，这才称得上"饮食文学"。谈论饮食而能勾魂摄魄，需要的不是技术，而是故事、细节、心情，以及个人感悟。书中提及的很多餐馆，你大概永远不会去；提及的好些菜色，你也永远不会品尝，可你还是欣赏这些文章，除了诗人文字的魅力，更因背后蕴含的生活态度。《土鸡城》提及木栅老泉里山上的"野山土鸡城"（主人名言："我家养的鸡，晚上都飞到树上睡觉"），焦桐带我去过；类似的山里农家菜，我在台湾吃过好几家，正因此，我很认同焦桐的看法："在台湾，哪个风光明媚的所在没有土鸡城？……土鸡城是台湾人的餐饮创意——在景色秀丽的地方，整理自己的家园，经营起小吃店，一定卖鸡肉，也卖青蔬野菜；也多提供卡拉 OK 给大家欢唱，欢迎来客自行携带茶叶泡茶，品茗，欣赏美景，表现的是台湾人靠山吃山的机灵，和生猛有力的文化性格。"

　　"饮食文学"的读者，阅读时往往调动自家的生活经验，全身心投入。我之欣赏《台湾味道》，除了理解中华饮食文化的精妙，也在不断地重温自己的"口福"。八年前，我在台湾大学教书，每天中午，就在文学院旁边老榕树下，买一份肉粥搭配油条，怡然自得。这回读《咸粥》，了解台湾北部南部各家粥店的特点，以及各种制作技艺，更印证了我当初的体味。至于从当年金门服役时营长赏吃猪血汤说起，称"猪血汤是台湾创意十足的庶民小吃"，还引《孙文学说·行易知难》中如何大赞猪血汤"为补身之无上品"，确实新奇。不过，其中提及"猪血清肺"乃民间传闻，没有科学根据，让我大吃一惊（《猪血汤》）。因为，潮州习俗，早晨吃猪血煮真珠花菜，那叫"清凉解毒"；晚上则不吃，据说效果相反。某回在台湾逛夜市，友人邀吃猪血汤，我婉言谢绝，就因为记得家乡的这个禁忌。

　　《台湾味道》中有一则《蚵仔煎》，讲述流传在闽南、潮州、香港及台湾各地的蚵仔煎，如何是五代后梁时闽王王审知的厨师所创，让我大长见识。我与焦桐一样，也不喜欢虾仁煎、花枝煎、鸡蛋煎等各种"变奏"。但作为潮州人，品尝多次"台湾最出名的风味小吃"蚵仔煎，感觉上就是不如我家乡的好。没什么道理，或许是鲁迅所说的"思乡的蛊惑"：那些"儿时在故乡所吃的蔬果"，其味道长留在记忆中，"他们也许要哄骗我一生，使我时时反顾"（《朝花夕拾·小引》）。

《台湾味道》所收文章，在技术与美感之外，往往兼及历史与文化，那是因为，作者还有另一重身份——大学教授，还在"中央大学"开设"饮食文学专题"课。读焦桐自述如何在课堂上组织研究生讨论客家小炒（《客家小炒》），我直发笑。这诗人、学者、美食家的奇妙组合，使得他每回组织"饮食文学与文化研究"研讨会，必定有实践性质的"文学宴"殿后。2007年10月，我曾应邀参加，对会后的"文学宴"赞不绝口。去年秋冬，焦桐又通知开会，说这回专谈"客家菜"，我谢绝了，因实在不懂。事后，焦桐笑我迂腐：你以为来的人都懂"客家菜"的文化内涵，很多人还不是冲着那曲终奏雅的"文学宴"！

　　　　　　　　　　2010年8月19日于香港中文大学客舍

自　序

　　大部分台湾小吃源自经济贫困的年代，经济地位和生活条件型塑了克勤克俭的饮食文化，这种文化带着顽固的模式，保守、重复、停滞、简陋而古朴，我们通过饮食的审美活动，能轻易领略古早的年代，诸如古早的食物，古早的烹调方式，古早的用餐氛围，古早的饮食习惯。

　　在后现代情境中，充斥着对当下的怀旧；古早，是怀旧的符号。现在很多店家都标榜"古早味"，然则古早味是什么？

　　古早味最明显、最基本的意涵是世代相传的东西（traditum），它因为被人们喜好而风行而流传，那是一种经验的累积，复点点滴滴被修饰过，成为普罗大众接受的做法和滋味。我们可能并不知道最初的创造者姓啥名谁，也可能张冠李戴，附会某种传说在某个名人身上。人们长期吃它，谈它，视它为生活中的理所当然。

　　然则我们并未或总是生活在古早时代，怎么会知道彼味为"古早"？此味又如何不"古早"？"古早"并非特定的存在，我们仿佛耳熟能详的"古早"味，其实是对"古早"的想象和模拟。古早味是现存的过去，是当下的一部分。

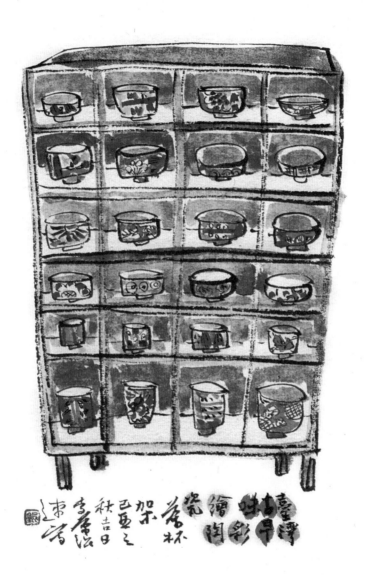

臺灣古早味留影 繪陶瓷茗杯架 己亥之秋吉日 李崇治 迷宮

古早味是一种态度，它崇尚自然。

许多美好的事物都在过去的掌心中。像亨利·贾伊尔（Henri Jayer）有"勃艮第葡萄酒之神"、"勃艮第传奇"、"二十世纪最伟大的天才酿酒家"的美誉，素以传统的方式栽种葡萄、酿酒，他强调"我只酿造天然的葡萄酒"，避免用化学肥料，连堆肥的用量也极谨慎。用传统"低温浸泡法"（在低温凉爽的早晨摘葡萄，并喷洒冷水在装满葡萄的木桶里），小心使用亚硫酸（避免浸泡中的葡萄发酵）。他所酿的葡萄酒，即使存放多年，也能保持华丽而深邃的风味。他的酿酒美学影响深远，越来越多酿酒师效法这种"自然派"的古法。

我们对食物的回忆总是掺进了思绪和感情，法国"厨神"阿兰·迪卡斯（Alain Ducasse）自述其烹饪艺术是表达风土人情的景致，唤起对海洋的回忆，传递各种沐浴在阳光下植物的芳香，他认为烹调艺术是"一场发现之旅，其中包含了穿越时空的邂逅，对抗遗忘的故事"。

我们都在过去的掌心中，无论小吃摊还是餐馆，我们信赖的，往往是那些经营数十年以上的老招牌，历经时间的淘选、考验仍屹立着，品质肯定不差。

古早味为当地人的情感所认同，寻找古早味，仿佛寻找初恋情人。

当怀旧成了消费产品，许多人遂开始贩卖怀旧，消费怀旧，诸如红砖墙壁、杂货店的小玩意、竹编提篮、旧式脚踏车、蓑衣、麻布袋、黑胶唱片等等往昔农村物件，俱成了怀旧符号。"水龟伯古早味"这家冰品店，标榜着"三十年代古早冰重现江湖"，卖的是复古风味——制冰时添加香蕉油，通过那特殊的香甜味，勾起中年人对清冰的乡愁。

台湾餐饮可谓传统中国、美国、日本的综合体，是文化杂交之后所衍生的混血菜。混血总是美丽的，槟城、马六甲、澳门都混得很凶，很快乐。台湾也很有条件混。我最害怕听到政客讲主体性，这个主体性，那个主体性，主体到最后，消灭了各种可能。政客操弄意识形态，食物消解意识形态，廖炳惠在《吃的后现代》一书中有一段饶富趣味的论述：

> 台湾的后现代饮食可说是充分发挥了漂泊离散（diaspora）的面向，来自不同族群的人士，不管是台湾人、新台湾人，或是来自内地各省的人士，以不同的历史经验，组构出非常混杂、无法达到共识的认同结构。在如此错综、互相角力、而有时又能产生某种协商的可能性之情况底下，食物变成是彼此联系和巩固认同相当重要的后现代方式和元素。
>
> 因此，在台湾的大小街道里，强调认同的意识形态，有些时候到了饮食店就可以抛弃开来，只讲闽南话的本土人士，有时也会去吃江浙菜，他们在许多元素上受到外来食品的影响，无法真正实践所谓的本土化。而许多主张统一完全无法认同"台独"的人士，在家里也常吃台湾本土料理。这种错乱的现象，可以说是台湾在迈向多元文化和族群交错（crosscutting）的状况里，非常丰富而又刺激的面向。

这几年台湾越来越多标榜Fusion的餐饮，主要受到法国、日本料理的启迪，他们广泛运用机器，如果汁机、调理机；也越来越重视盘饰，我们明明吃台菜，呈现方式却恍如西餐或日本料理。经营形态则采用套餐形式，中西元素合璧，配酒服务也进入了中餐馆。

传统小吃不时兴这一套。

最能代表台湾特色的，莫非风味小吃。台湾特色饮食以小吃为大宗，小吃大抵以寺庙为中心而发展。先民离乡背井来台，自然需要到寺庙拜拜祈福，人潮渐多，香火渐旺，庙埕乃成为市集；庙前小吃经历代相传，蒂固为人心依赖的老滋味，炉火旺盛。以小吃闻名的台南市到处是庙宇道宫，小吃乃围绕着这些寺宫集中，诸如祀典武庙、大天后宫、开基灵佑宫、水仙宫、普济殿、保安宫、北极殿、天坛……

规模庞大的士林夜市即发展自慈诚宫，此宫乃三级古迹，当年淡水、金山、唭哩岸一带渔农产品连夜翻山运来，在此作为交易地点，由于交易时天未破晓，灯火隐约，人称"鬼仔市"。此外，诸如基隆奠济宫前，金山开漳圣王庙前；台北天师宫、妈祖庙附近的延三夜市，大稻埕慈圣宫前，万华龙山寺附近，景美集应庙一带；新竹城隍庙前，大甲镇澜宫附近，鹿港天后宫、龙山寺周围……莫不如此。

先民移垦台湾，往往是独自漂洋过海，离乡背井的人不免缺乏安全感，加上当时医疗水平低下、治安不靖，更强化了神鬼崇祀的心理。他们通过祭品，祈求神鬼庇佑，《安平县杂记》载，醮典时祭品颇为丰盛，"罗列庙前，以物少者为耻"。

小吃几乎都是路边摊起家，即使已经拓展为颇具规模的店面，犹带着路边摊性格。我们品味一道古老的菜肴，仿佛在品味一段逝去的岁月，一段令人怀念的历史痕迹。

臺灣古早盤子的印花，有普羅庶民自己的美學。

有些前瞻的经营者，戮力改善服务、用餐环境、卫生条件，更在畜牧业、农业、食品工业展现了老老实实的美学手段，如自然猪、合鸭米、天籁鸭。宜兰寒溪村"不老部落"采用自然农耕法，不仅鸡鸭鹅放山，蔬果、小米也都远离农药和化肥，像部落里的野育香菇，用古早的方法培育，所需时间数倍于人工催生的香菇，论外貌气质，论口感芳香，都远非药物所催生的俗菇所能望其项背，那是一眼就令人雀跃的食物，现采现烤，一辈子都难忘的多汁美味。

又如熬汤，传统的高汤一定得老老实实地用禽畜的肉、骨或水鲜熬制，不胡乱添加人工调味料，诚如西谚所云："欲煮出一锅好汤，必须锅子先微笑。"现在有很多掌勺的人"拜了味精做师傅"，以为有了味精就会烧菜，任何东西都加味精，真是我们生活上的灾难。

台湾料理多依赖味精，尤其小吃摊，好像没有味精就不会煮汤，鱼丸汤、海鲜汤鲜少用鱼骨熬制，整包味精就习惯性地倒入锅中，形成顽固的集体怠惰，很令人泄气。

二十世纪二十年代，日本科学家池田菊苗从海带中，分离出鲜味（うまみ）核心的谷氨酸（glutamate，高蛋白质食物中的一种氨基酸）分子，遂发明了廉价提取谷氨酸的方法，通过结晶获取谷氨酸盐，即味精（MSG），并创办世界首屈一指的人造鲜味剂公司：味之素公司。味精是通过对酸进行水解的方法制造，自然是化学物品，从前叫"化学调味料"（かがくちょうみりょう），现在较常说"旨み调味料"（うまみちょうみりょう）。

味精很快风靡全球，尤其是华人，可说是味精最忠实的拥护者。七十年代，出现了一种"中国餐馆症候群"（Chinese Restaurant Syndrome），具体症状是，人们吃下大量的味精后，出现麻木、心悸、头痛、腹痛等过敏反应。极端的反例是日本无赖派作家太宰治（1909—1948），爱吃味精几近信仰，他吃饭曾把鲑鱼罐头加进饭碗，上面撒满味精。

味精也许不那么严重，可味蕾习惯味精者，对天然食物的香味会麻木不仁。有些厨子炒饭时竟也乱撒味精，殊不知甜味、鲜味皆可从配料获取，诸如玉米粒、青豆、洋葱、胡萝卜等等。

不过日本料理在台湾，是台湾饮食国际化最早的痕迹，如今已内化为台湾的传统味道。最初是台湾人在日本殖民统治下，学习上流社会的生活方式，慢慢发展出"不和不汉"的料理形式。像"韭菜柴鱼"，用新鲜韭菜搭配柴鱼片和日式酱油，简单而生动；又如"龙船生鱼片"，亦融合了和汉料理的形式，一艘龙船满载着各种海鲜：龙虾、生鱼片、牡蛎、透抽、扇贝、干贝、牡丹虾、帝王蟹、海菜……船上还有干冰营造氛围，生猛有力的台湾味。

台湾四面环海，型塑了台湾的海洋性格，以及生活上的海洋食材，"五味章鱼"是典型的台湾料理：现捞章鱼氽烫，切片，蘸五味酱。食材方面，"东港樱花虾"俗名"花壳仔"，全世界只有东港海域和日本静冈县骏海湾有。

台湾居民大多移自福建，清淡偏甜的福州菜和油咸的闽西菜，自然参与建构了台湾味道的基调。闽南菜尤其是主调，它重视作料，也常以中药材入菜，如药炖排骨、当归土虱、烧酒鸡等等。

在台湾发展出的风味小吃中，许多兼具主食、菜肴、点心的功能，诸如大肠煎、猪血糕、鳝鱼意面、大肠蚵仔面线、蚵仔煎、当归土虱、炒米粉、咸粥、筒仔米糕之类，皆带着庶民性格。

另一项显然可察的特色是，台菜中常见的外在形象是汤汤水水，食物泡在羹汤中，既吃固体也喝汤，一举两得。诸如佛跳墙、菜尾汤、镶边趖、红烧鳗羹、鱿鱼羹、生炒花枝、四臣汤、肉羹、猪血汤、鱼丸汤、白汤猪脚……

在物资缺乏的年代，台湾鲜有餐馆，亲朋好友来访，通常到酒家宴请，"酒家"即是高级餐馆。很多酒家大量使用罐头，或佐餐或调味，如三文鱼罐头，三文鱼是鲑鱼的英语谐音，其实这种罐头多为茄汁鲭鱼。此外，酒家经常使用干货，如香菇、鱿鱼，"鱿鱼螺肉蒜"即是。另外盐酥虾、排骨酥这类下酒佳肴，也是酒家菜典型。

台菜多油炸品，前述盐酥虾、排骨酥之外，红糟三层肉、鸡卷、虾卷、爆鱼、爆肉、炸白鲳、炸溪哥都是。景美"义兴楼"营业已超过一甲子，属老式台菜，炸卜肉、金钱虾饼都很好吃——"炸卜肉"即爆肉，面衣较一般薄，里面那块里脊肉又甜又弹牙；"金钱虾饼"外形像一个大硬币，是个头迷你的台式虾饼，内馅是将鲜虾剁碎，综合了荸荠、三星葱，一口咬下去，流出美味的汤汁。香酥鸭、鸡卷等炸物也都非常美味。

台北迄今仍堪称中华料理的火车头，尤其餐馆的经营更与时俱进，我在《论餐馆》中曾盛赞"食养山房"：

> 充分借景又快乐融合室内布置，将起伏的山峦和草木、白云等自然美景通过窗框和竹帘，巧妙转成餐馆景致。竹帘、原木长案、灯笼、陶瓷、榻榻米构成了室内布置的基本元素，壁上挂了许多程延平的字画，桌面点缀一些宣纸、松果、烛光。

"食养山房"可谓人文风景的舞台，演出宋代的文人美学。空间只用竹帘区隔，却丝毫不见嘈杂，大家不约而同放低了音量，仿佛一切都缓慢了，时间变得悠长。

这家园林式的餐馆，原先在北宜公路上，后来迁移至阳明山"松园"内，园内有瀑布、山涧、亭台楼阁隐在花草树木间。我们在这里吃饭，常可看见山岚涌泉般在屋外升起，白云也适时飞瀑般从山棱泻下，气势壮阔。

食养山房的菜式表现创新的宜兰风味，是台菜内涵用怀石料理的形式，自家研发的"山泉豆腐"清纯、洁白、细致、绵软、滑嫩，用一点点酱油、芥末提味，以清淡之美带领顾客进入套餐。每次有外国友人来访，我喜欢带他们来这里吃台菜，那顿饭总是令主人很有面子，令客人难忘。

我试着用数十种食物来描述台湾，姑且称之为"台湾味道"，味道渗入了中华料理全部的菜系，以及日本、美国乃至法国等元素，还有来自海洋的召唤。

台湾艺术家李萧锟为《台湾味道》题字、绘制封面和内页插图，可口了所有的文章，也为这些台湾食物增添了拙趣和古朴美。为了体贴对饮食充满热情的读者，本书将文中推荐的吃食资讯，放在每一篇文章后面和书末附录。

2009 年 12 月 21 日

酱油膏

酱油和酱油膏的魅力在台湾乃至全世界的老饕，没人能挡已至之多年。曾董谨题

最近季季送我一瓶她家乡的名产"螺王"酱油膏，风味甚佳。这种酱油膏倒出来时，散发醇厚的鲜香味，汁稠味浓，色泽乌亮魅人，远非等闲酱油可比。感动之余，想用来烹制菜肴，遂设计了一套以酱油为主题的午宴，邀几个朋友来家里品尝。

我出示酱油膏，杨牧和陈芳明都说是的，从前有人馈赠过，印象深刻。可见这东西几十年来一直是时尚礼品。

这次杜撰的"酱油宴"菜单包括：酪梨番茄拌酱油膏、白斩鸡、卤味拼盘、白灼猪颈肉、烤杂蔬、烤鲑鱼首、烤自然猪腩排、啤酒鸭、东坡肉……有的用酱油入菜，有的氽烫后蘸酱油膏，吃得大家满嘴酱香，连深谙厨艺的王宣一、詹宏志、夏盈盈都赞美，令我虚荣心完全得逞。

台湾酱油素以西螺最出名，所谓"酱油的故乡"，据说乃得利浊水溪的甘泉，水质富含矿物质和微量元素，有效和空气中的微生物发酵。西螺酱油有三大品牌：丸庄、瑞春、大同。其中以丸庄的知名度最高，当地人却最喜欢瑞春的酱油，我自己亦然。这三家酱油公司都强调"古法酿制"，标榜不添加防腐剂、色素，属纯酿造酱油。

纯酿造方式就是豆麦（常见的是黄豆、黑豆、小麦）原料和曲菌经过较长时间的发酵，将蛋白质分解成氨基酸，不加任何化学物质调味处理，天然熟成。这是诚恳制造酱油的办法，流程既繁复，自然较费工时，成本也高。

好酱油的条件不外乎上等的豆麦原料、优质清水、好阳光晒制，令它天然发酵，千万猴急不得。许多市售酱油添加乱七八糟的化学物质，求其速成、量产，徒然摧毁我们对酱油的美感经验。

于是许多食品标榜遵"古法"制造。从前我不免迷惑，食品科技一直在进步，现代食品不是应该比古代更文明更美味？岂有强调以古人为师的道理？

原来文明的演进并未使我们的生活更文明，或更安全可靠。我猜想是工业革命型塑了人们快、多、廉的价值观，机械化、标准化、集中化的一贯作业，大规模量产保证了市场利润，几乎将手工产业摧毁殆尽。

然而世间许多事跟爱情一样，是急不得的。例如制造酱油，其流程大抵先烧煮豆麦，经自然发酵成曲，再用煮原料的汁液拌曲入缸做酱醪，经数月日晒熟成。

各地酿造方法、配料不同，也多各自有独特的菌种，酿出来的酱油风味殊异。以"螺王"为例，它用黑豆为原料，煮熟后放在竹盘上风干七天，让自然产生的曲菌完美成熟，再涤去外皮的菌丝，消除霉味。洗涤后的黑豆加盐放入瓮中，封瓮，日曝120天以上，当黑豆自然发酵、分解后，取出压榨，再蒸煮调味，杀菌装瓶。这种制造酱油的标准作业程序，如今却鲜少人这样老老实实地制作了。

酱油出现于汉代，自古以来，此物连接了华人的生活经验和集体记忆，我很难想象生活中缺少了酱油将多么乏味。酱油能改变菜肴的口味和色泽，这种调味料的任务是生香、着色、增咸，美化平庸的食材。

台湾从五十年代到七十年代，猪油加酱油膏拌饭是最朴素的美食，是穷人的奢华。酱油不妨用来烹制美馔，酱油膏则多当作蘸料，特别是白灼的食材。清代美食家李渔以吃笋为例，说最美的吃法是"白烹俟熟，略加酱油"。李渔比现代人高明，台湾大部分餐厅煮好竹笋时多淋上美乃滋，恶心极了。

优质的酱油膏随便蘸什么都好吃，爽口，开胃，荤食如五花肉、白斩鸡；素食如竹笋、山苏，它含蓄地衬托食物，像一个谦逊而智慧的女子退居幕后，成就她很平庸的另一半。

有时我会煮一锅蔬菜汤，食材如杏鲍菇、香菇、洋菇、花椰菜……这些煮汤的蔬菜或蕈类，其甘甜其实都跑进汤里了，食之乏味，弃之又不免可惜；这时候酱油膏赋予它们新生命，蘸着吃是另一番滋味，令老去的容颜焕发光彩。

季季在《西螺追想曲》中回忆许博允吃德国猪脚："他一边在德国猪脚上淋了一圈酱油膏，一边不断地点头说，是，是，这个德国猪脚，淋上这个酱油膏，味道更好！"许博允家是淡水望族，自幼跟祖父出入剧院、酒家，对美食和艺术耳濡目染，自然是品味非凡，这种吃德国猪脚淋酱油膏的创意，源自祖父对"螺王"的迷恋，可见"螺王"在饕家的心目中早就有巩固的地位。季季以故乡的酱油膏为傲是容易理解的，她大概常带着"螺王"做伴手礼，搞得吃过的聂华苓、白桦、梁冬为它神魂颠倒，怀念不已。

怀旧其实是一种无奈的挽留。法国"厨神"阿兰·迪卡斯（Alain Ducasse）认为烹调艺术是"一场发现之旅，其中包含了穿越时空的邂逅，对抗遗忘的故事。因此我们四处走访小镇，踩遍市集找寻稀有的材料，跟钟爱美好蔬菜和鲜嫩家禽的农夫话家常，为保存优良文化、充实既有传统而努力，让享受美食的方式更加丰富"。

好酱油回味悠长，"酱油宴"之后的翌晨，我犹感觉那酱油膏的香气缠绵在口舌间。它的味道强烈，有时还透露出严厉的表情；然而强烈中又不乏细腻，品尝它，仿佛品尝大地的精华：嘉南平原的沃土和气候，浊水溪甘美的泉水。它是法文"风土"（terroir）的具体表现，也令我对台湾的酱油工艺学充满期待。

绿竹笋

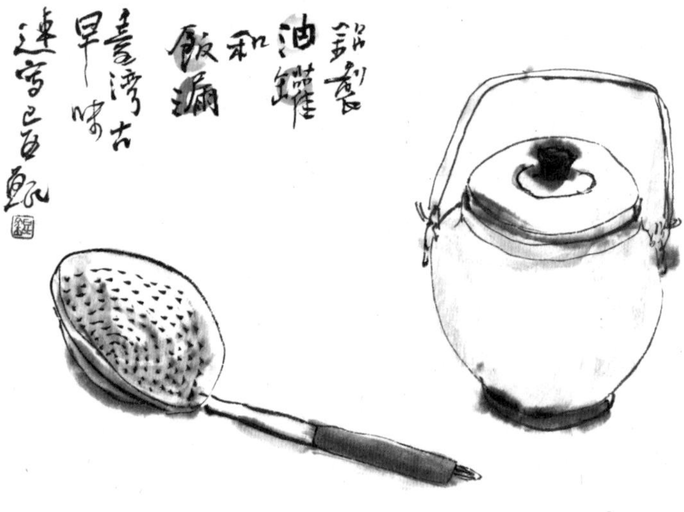

竹笋有一种特殊的清香，又裨益健康，能治高血压、高血脂、高血糖，而且对消化道癌及乳腺癌有一定的预防作用，自古被视为"山珍"。台湾颇有一些好笋——花莲光复的箭竹笋，头城、南澳、乌来和桃竹苗一带的桂竹笋，观音山、三峡、平溪的绿竹笋，嘉义大埔的麻竹笋，阿里山的轿篙竹笋……其中我尤偏爱绿竹笋。

绿竹笋在气温高时成长较快，其产季仿佛一场由南而北的接力赛：屏东（长治），台南（归仁、关庙、佳里），竹苗（竹东、宝山、三湾、狮潭），观音山（八里、五股），阳明山（士林、北投），中央山脉（从三峡、大溪、复兴延伸到新店、木栅），一路传递，台湾人从1月到10月都有笋吃。

北部的绿竹笋尤其美味。观音山山腹遍布竹林，每年5月至10月盛产绿竹笋，口感如水梨。优等的绿竹笋状似牛角，笋身肥胖，弯曲，笋底白嫩无纤维化，颜色均匀无褐化，笋壳光滑，略带金黄色泽。较劣的绿竹笋形如圆锥，外壳略呈褐色，尾端出青。

处理竹笋，最重要的是迅速保鲜，以阻止其纤维之老化，挽留细致清甜的质地。"台湾厨神"施建发教我煮竹笋的秘诀——在能满溢笋的水里先搁入米，煮沸后才放进竹笋，不盖锅盖，以免味道变苦，煮一小时，让锅里的笋持续浸在水里自然冷却，再置入冰箱冷藏两小时。这些动作不仅使竹笋的色泽如鲍鱼，竹笋的纤维也因充分吸收了粥水而口感更好。岳父七十大寿时，家族聚餐就择定阿发师经营的"青青餐厅"，吃过青青餐厅竹笋沙拉、竹笋鸡的人，无不赞美。

绿竹笋料理变化无穷，可煮可蒸可烤可焗可焖可炖可炒可拌可煸可烩可烧，可当主角，也可跑龙套；能独当一面，也能扮配角，和肉、鱼、蛋、豆、蔬为伍。其呈现形状有丝、片、块、条、丁，无一不可，入菜的姿态可谓风情万种。

除了清烹，竹笋也适合荤治。例如东坡肉。东坡肉的秘诀并非表象的"少着水，柴头罨烟焰不起"，慢工细火只是基本动作，我试验过，正宗而好吃的东坡肉不能缺少酒和竹笋，酒能有效提升肉质，竹笋则吸收猪肉的油腻，又释放自身特殊的清香。

现在很多餐厅学得皮毛，便也大胆地卖起东坡肉。其实略懂皮毛不要紧，只要让肉、笋、酒三者合奏，并不至于差太远，坏就坏在蠢厨自作聪明——有的只会在切割方正的猪肉上绑草绳，用政客的表面功夫来侮辱食物；有的搁了过量的冰糖或酱油，作风鲁莽；有的竟用太白粉勾芡，看起来就像失败的腐乳肉……

李渔对食物的评价是蔬胜过肉，肉又胜过胹；竹笋，则是蔬食第一品，"肥羊嫩豕，何足比肩"。他有一段竹笋荤治的辩证很有见解：

> 牛羊鸡鸭等物，皆非所宜；独宜于豕，又独宜于肥。肥非欲其腻也，肉之肥者能甘，甘味入笋，则不见其甘，而但觉其鲜之至也。

李渔这段话可以佐证东坡肉的烧法，应该列为厨师的座右铭。先人吃笋的历史可追溯到西周，《诗经·韩奕》叙述韩侯路过屠吧，显父以清酒百壶为他钱行，"其肴维何？炰鳖鲜鱼。其蔌维何？维笋及蒲"，席上佳肴有鳖、鱼鲜、香蒲和竹笋，可见竹笋之受重视。

笋的料理方法很多，须注意此物鲜美至极，万不可令陈味掩盖压制，笠翁先生治笋主张"素宜白水，荤用肥猪"，素吃时"白烹俟熟，略加酱油。从来至美之物，皆利于孤行"。我在外面吃笋最怕见沙拉酱美乃滋覆盖笋上，笋身沾沙拉酱，宛如美人惨遭毁容，令人扼腕、悲伤。绿竹笋清啖即佳，口味浊重者稍蘸酱油芥末足矣，奈何江湖上这么多不辨滋味的呆厨，以为胡乱买了沙拉酱就可以上菜，掺入味精就会煮汤。八里"海堤竹笋餐厅"的凉拌竹笋，用芝麻酱取代沙拉酱，清新可喜。

木栅山区是台北市最大的绿竹笋产区，产季从端午到中秋，有四个月的时间。近年每当产季开始，木栅农会举办绿竹笋生产技术大赛，并备办一场绿竹笋大餐，菜色均以绿竹笋为主调进行变化，包括凉笋龙皇樱桃派、鲍鱼全罐拼酱笋、香笋红枣醋溜鱼、竹香莲子荷叶饭、鲜笋佛跳鱼翅盅、乌骨全鸡嫩笋锅、腐脑笋丝烩三鲜、一品绿竹小笼包、红烧笋块品元蹄九道。

我最常吃绿竹笋的所在是老泉里"野山土鸡园"，通常是一盘凉笋，一锅鲜笋菜脯汤。那些笋都是老板阿俊所植，天未亮他就荷锄采收，他总是循露水辨位，精确寻找未出土的竹笋。

2005 年我开办《饮食》杂志之初，曾经向木栅农会订了三桌，在"舜德农庄"宴请杂志的作者。那时候逯耀东教授还在世，我驾车去兴隆路接了他和逯师母，一路上央求他担任社长。他勉强答应任期三个月，之后改挂编辑委员，理由是社长不能投稿。

我学习饮食之道，虽然不见得是逯老师启蒙，然而我们这一代雅好美食的友人，却都尊他为师。聚餐时，大家好像忽然间失去了味觉，往往先盯着他看，看他筷夹入口后的表情，再决定如何对待那食物。有次在时报文学奖的决审会议上，堆置的稿件旁摆满了各种北京小吃，大家只顾吃驴打滚、豌豆黄、艾窝窝、芸豆卷、山楂糕，并未理会冷落一旁的肉末烧饼，逯老师拿起来咬了一口，用眼神示意我赶紧吃，所有人也都注意到他透露美味的眼神了，半分钟之内，那盘肉末烧饼被抢食得干干净净。

2006年，逯老师唐突辞世之后，我邀了一些他生前的吃友，在"永宝餐厅"用吃吃喝喝的方式怀念他，并请黄红溶演奏巴赫《无伴奏大提琴组曲》慢板乐章和快板乐章。

选择"永宝"，是因为这是一家很深情的餐厅，也因为逯老师钟爱这里的古早菜。绰号"老鼠师"的陈永宝从1967年起专营外烩，打响口碑。1979年，遂在木栅保仪路立号开设这家餐厅。老鼠师在当年的"千岛湖事件"中遇害，儿女们为了怀念爸爸，接手经营餐厅。第二代掌门人陈钦赐先生完全继承父亲的厨艺，保留古早的办桌滋味，更不断研发创新。

又是绿竹笋盛产的季节，永宝餐厅已经歇业，如今也只能追忆和逯老师一起在舜德农庄吃绿竹笋、白斩鸡、豆腐，喝文山包种茶的夜晚。

青青餐厅
地址：台北县土城市中央路3段6号
电话：(02)2269-1127，2269-6430
营业时间：11:00—22:00

野山土鸡园
地址：台北市文山区老泉街26巷9号
电话：(02)2937-9437，·2939-0648
营业时间：周一至周五 16:00—22:00
　　　　　　节假日 11:00—23:00

舜德农庄休闲餐厅
地址：台北县深坑乡文山路1段62巷35号
电话：(02)2664-8888，2662-2952
营业时间：11:00—21:30

海堤竹笋餐厅
地址：台北县八里乡观海大道28号
电话：(02)8630-5688
营业时间：10:30—21:00

吴郭鱼

青花瓷碟

臺灣民間食具

外公的鱼塭里养最多的是吴郭鱼，自然也有不少的虾、蟹、鳗和水蛇，小时候我常在那里钓鱼、游泳，直到目睹一整车水肥倾入鱼塭，才结束玩水的童年。那是五十年代末，吴郭鱼还在吃大便。

此鱼从前我们叫"南洋鲫仔"，为了纪念吴振辉、郭启彰两位先生1946年自新加坡引进而称"吴郭鱼"，他们辗转偷带回旗津老家时，仅存13尾鱼苗，5雄8雌，算是第一代移民，堪称吴郭鱼的祖先。

数十年来，饲育技术不断翻新，几番杂交配种，此鱼已是台湾数量最多的养殖鱼，出口到欧美、日本，被称为"台湾鲷"。吴郭鱼属慈鲷科，是非洲移民，全世界有一百多种，各地华人对它的叫法也不一样，诸如中国大陆叫"罗非鱼"，乃原产地尼罗河、非洲之故；香港人则因其形似鲫鱼而唤"非洲鲫"；马来西亚称为"非洲鱼"。

吴郭鱼价廉而新鲜，可惜鱼身有顽固的泥土味，一直上不了大餐馆台面。其实泥土味并非不能拯救，市场的吴郭鱼都还活蹦乱跳，买回来以后若能饿养三两天即能涤除。景美"味自慢"用豆腐乳加辣椒蒸吴郭鱼，的确消灭了泥土味，可惜鱼鲜也不免荡然。台电大楼旁边"醉红小酌"干脆选用海吴郭清蒸，成为该店的招牌菜之一。王润华教授曾盛赞醉红小酌的清蒸吴郭鱼，"酒党"的定期聚会选在这里，吴郭鱼功不可没。

我自认是烹调吴郭鱼高手，品尝过"溪洲楼"之后，甘拜下风。石门水库周遭聚集了许多活鱼餐馆，几乎都卖草鱼、鲢鱼，"溪洲楼"却以吴郭鱼闻名。其实任何鱼养在他们家干净的鱼塭里，没有不美味的。

有一天，前"中央大学"校长刘全生教授兴奋地告诉我："有个亲戚说要带我们夫妻去尝全台湾最好吃的鱼，到了那里才知道，原来就是你带我们去过的'溪洲楼'。"

那次有诗人杨牧伉俪作陪，杨牧去之前也说，他不太吃鱼。我知道他嗜鸡和啤酒，遂特地请老板李旭倡弄一只土鸡白斩，还刻意冰镇半打啤酒。餐后，那盘诱人的白斩鸡似乎没吃几块，杨牧竟说："奇怪，今天竟然吃鱼吃到忘记喝啤酒。"

大概阿倡没事就钻研厨艺，我去"溪洲楼"鲜少点菜，可端上来的鱼料理多半不重复。有一次我问，这糖醋鱼块怎么啦？味道跟以前完全不一样。他说不是糖醋鱼，是"熏鱼"——他用胡椒粉、豆瓣酱和冰糖去熬鱼块。这肯定是突发奇想的产品，绝非湖南名产。盖湖南的熏鱼又叫腊鱼，非但切剖法相异，还得经过腌渍、干燥、烟熏的工序。豆酱煨鱼是台湾古早味，阿倡也常做，每次吃这鱼不免发思古之幽情。

现代人越来越重视养生饮膳，可我的经验是，好像越强调健康的食物，通常都很难吃，似乎健康与美味颇为扞格。这实在是天大的误会，不信请试试溪洲楼的"养生鱼汤"，此汤经过两次加工——先用鱼骨、乌鲗熬汤底，令高汤充满胶质和钙质；再下枸杞、甘草等多种中药材炖煮。我多次喝这鱼汤，同桌吃饭的人，不曾少于喝三碗者。

"酸辣吴郭鱼柳"是冷盘，酸味、辣味和甜味调和得恰到好处，带着泰式料理的风格，具提醒作用。这道鱼柳宜做前菜，唤醒我们的味蕾，引导我们的食欲，迎接一道又一道变化烹饪方式的鱼料理。

吴郭鱼切成柳还可做成"椒盐鱼柳"。椒盐适用于软炸、酥炸类的菜肴，花椒是不可或缺的香料。鱼柳炸过之后，加上葱花、辣椒丝、洋葱丝衬托，那种酥麻的鲜香，入口即产生愉悦感。

通常我们会将最好的鱼做成清蒸鱼，因为清蒸最能吃出鱼的原味，最能表现鱼的鲜美。"溪洲楼"的清蒸鱼多用个头较小的吴郭鱼，有时加进渍冬瓜去蒸，有时以破布子、豆豉调味，都彰显了直截了当的美感。

原味的另一种吃法是盐烤，"溪洲楼"的"盐烤鱼"大抵使用三斤的吴郭鱼，鱼未除鳞，清洗洁净后只抹上一层厚厚的粗盐即进烤箱，因此例不吃鱼皮。别以为烤鱼很简单，我刚开始在家烤鱼，试过几次总试不出好滋味，遑论要烤到像阿倡的手艺这样表皮酥脆、里面多汁的境界。

如果带小孩来，我建议点食"黄金鱼排"。由于材料佳，又仔细烹调，鱼排炸出来自然美味，孩子一块接一块吃，那馋相好像觉得盘子里的鱼排不够多，那肥厚的炸鱼排总透露出欢乐的滋味。让孩子们品尝一点优质的油炸物是好的，开启他们的味觉见识，让他们明白炸鱼排不必像速食店所供应的那么庸俗。

阿倡也常做"宫保吴郭鱼丁"给我吃，"宫保"料理源于清末四川总督丁宝桢，这个贵州人爱吃鸡，又曾当"太子太保"，故有这名称。宫保鱼丁当然是沿袭自宫保鸡丁，只是将鸡肉改成鱼肉，没想到鱼丁竟不让于鸡丁。这菜厚重中隐藏着细嫩，光是看盘中的红辣椒丝、花生、香菜就引人馋涎，入嘴的花椒香又诱引食欲。

另一重口味是"三杯吴郭鱼"，系源自三杯鸡，乃道地的台湾名菜，几乎是乡野餐馆的基本菜色。所谓"三杯"，指的是米酒、酱油、麻油各一杯，加糖、大蒜、辣椒、老姜调味煮材料，待酱汁快收干，起锅前加九层塔拌炒即成。

"三杯"料理除了鸡，较常见的还有中卷、田鸡、猪肉，将鱼纳入，香气扑鼻。不过这道菜味道浓厚强烈，上菜次序应安排在后面，以免干扰其他料理的滋味。

可能是天气渐冷，"麻辣吴郭鱼锅"亦是阿倡新研发的菜肴。"麻辣"乃川菜的基本味道，红油、香油、豆豉、花椒、辣椒均是显而易见的主要调味料，"麻婆豆腐"即是麻辣味的代表作。

阿倡的麻辣鱼锅是结合鱼生火锅、麻辣火锅变奏而来。市面上一般吃的鱼生锅，多使用冷冻鲷鱼片，了无滋味。这又回到材料问题，溪洲楼的鱼本来就刻意培养，肉质远非等闲之鲷鱼片可比；这种鱼生在麻辣锅中一涮即起，未近嘴就闻到它强力播香，宛如甫出浴的美人，魅力难挡。

溪洲楼
地址：桃园县大溪镇康庄路 5 段 242 巷 3 号
电话：(03) 471-4878，471-4879
营业时间：周一休息

醉红小酌
地址：台北市罗斯福路 3 段 240 巷 1 号
电话：(02)2367-8561
营业时间：10:30—14:00，17:00—21:30

虱目鱼

臺灣古早味
粿模 己丑夏 雄光

大概虱目鱼煮的汤会变成乳白色，脸颊亦呈乳白，英文名字叫"牛奶鱼"（Milkfish），台湾人又称"虱目仔"、"麻虱目"、"安平鱼"、"海草鱼"、"杀目鱼"、"国姓鱼"，其身世还连接着郑成功来台的传说。

虱目鱼是台湾最重要的养殖鱼类之一，养殖面积最广、产量最高，可谓南台湾的家鱼。除了生鲜鱼货，另有鱼酥、鱼脯、鱼香肠、鱼水饺、鱼露、鱼冰棒等加工品。

小时候去旗津海水浴场游泳，常见渔民在海滩捕捉虱目鱼苗，那小小的鱼苗呈透明状，肉眼难辨，鱼身仅见两只眼睛和中间一点，谓"三点花"。如今台湾的虱目鱼养殖技术举世第一，已能"完全养殖"虱目鱼，不必再辛苦地捕捉；所谓"完全养殖"，意指从培育种鱼、产卵受精、孵化、育苗、养成上市，能够建立并掌控一系列的养殖技术和管理系统。

虱目鱼在台湾已形成一种文化，带着亲切感，乃一般家庭的寻常菜肴。我的高中时期，早餐往往是一尾虱目鱼煮面线，畅快淋漓，是我生命中最有活力的时期。

台湾人治虱目鱼主要有两途：一是干煎，二是煮姜丝清汤。前者常见于台菜馆，后者多在路边摊。从前，我每天从木栅驾车去罗斯福路时，都先绕到南机场社区吃虱目鱼。这里的虱目鱼专卖摊有两家，全以水煮方式料理，规模较大的那摊标榜"冈山肉臊饭"，约早晨八点开卖；另一摊"台南虱目鱼粥"，是邱姓夫妇所经营，约清晨六点半开张，我吃虱目鱼半世纪，见识不算短浅，此摊手艺允为全台第一，犹胜我在台南的考察见闻。

我通常先吃一份干鱼肠、两份鱼皮汤佐白饭，吃完了再吃一碗鱼粥，如果时间不赶，则再加点一碗鱼头汤。我爱极了那清汤，清澈而充满鲜鱼的气味，很想一口就喝光却舍不得。鱼皮连着薄肉，煮熟后整片卷曲在碗里，弹牙又无比甘美。

点食率最高的是鱼肠，迟到者常无缘享受。鱼肠可煮可煎可炸可焗，只要新鲜就美味，一份鱼肠实则包括肠、肝、肫等内脏，虽然是路边摊，邱先生煮虱目鱼肠非常精致、干净，他总是专注地摘除胆囊，一份一份地，细心放入小锅中沸煮，捞起，交给充满期待的食客，换清水再煮。没有苦味，毫无任何土腥味，那一丝不苟的态度令人放心，欢喜。台北人真有福气，竟能吃到比产地还美味的虱目鱼。

虱目鱼必须当天宰杀当天卖，除了北门、将军、七股等主产区，外地得致力保鲜功夫。台南市"阿憨咸粥"以虱目鱼粥为号召，其粥是用鱼骨熬的高汤煮生米，即所谓"半粥"煮法，优点是米粒充分吸收汤汁，饶富滋味；缺点是久煮后的汤汁变米浆，不免显得褐稠，影响观感。不过那碗咸粥真是好吃，里面的蚵仔和虱目鱼肉又鲜又多。

"阿憨"的鱼肠新鲜自不在话下，虱目鱼皮亦甘美弹牙，不过吃起来和大部分府城料理一样是甜的，连酱油膏也甜如糖果，我猜想外地人多不习惯那种根深蒂固的甜。影响所及，台北晴光市场里的"天香虱目鱼专卖店"也用酱油膏作蘸酱，我认为蘸酱还是以芥末酱油为宜，油膏的甜味无端干扰了鱼皮、鱼肉的甘美。

台南人治鱼皮，有时会裹上一层鱼浆，煮羹汤，配油条。虱目鱼须绝对新鲜，故摊商大多清早营业，"王氏鱼皮"清晨四点营业，"林家鱼皮"早晨七点也已开始，这才是正道，早餐嘛应该清早即开卖，吃点虱目鱼喝点鱼汤才会健康有元气。台北的鱼摊习惯将鱼皮切成小块，如吉林路"景庭台南虱目鱼"和宁夏路"李家虱目鱼"，不过这无关美味。

虱目鱼除了鳃和胆，全身皆是好材料，都能制成精致佳肴。由于其尾部和背部多暗刺，对习惯吃鱼排的人来讲很不耐，鱼背肉厚又有点涩口，因此常用来制作鱼丸，或煮成鱼粥。

虱目鱼丸是我最常煮的鱼丸，可能也是最美味的鱼丸之一，滋味胜过鳕鱼丸、西刀鱼丸、旗鱼丸、鲨鱼丸……先用鱼骨熬汤，再以滤过的高汤煮熟鱼丸，加一点芹菜末和盐，即是美味；或者，加翠绿的豌豆，色泽和滋味都非常美。全世界最厉害的虱目鱼丸店在学甲镇，我们走在学甲街上，到处可见"学甲虱目鱼丸汤"招牌，尤其不能错过的是"永通虱目鱼粥"和"广益虱目鱼丸"两间店。

虱目鱼肚油脂丰厚，鱼刺少，可谓精华部位。鱼肚口感最佳的并非清煮，而是干煎或三杯，令油脂更香甚至显得有点酥，许多大饭店的台菜料理常见干煎虱目鱼肚，已成为招牌名菜。我常自己做虱目鱼肚，先煎后烤，再刨一点柠檬皮缀饰，又增添风味。

鱼头适合煮清汤，或用渍凤梨、荫豉、破布子、腌瓜来卤。清煮最能品出原味；渍卤则甜、咸、香合奏，相当下饭。我曾专程赴台中品尝张北和先生特制的"头头是道"，此肴取八个蒸熟的虱目鱼头，并饰以鱼尾缀成八卦形，中间摆置了为数极多的鱼肫，那鱼唇、脸颊、眼睛、脑髓吸吮入嘴，天空为之一亮。其鲜香膏脂历经数年犹念念难忘。近十几年来，张北和先生身体欠佳，难得下厨，不知何日能再领教他的手艺。

虱目鱼属热带、亚热带水域鱼类，很不耐寒冷，每年冬天寒流一来，常听说虱目鱼被冻死，每次看到这消息都心疼得要命。农历六七月间的虱目鱼最肥，台湾人在中元普度时用来祭拜好兄弟，可见不仅我们爱吃虱目鱼，阴间也爱。

邱家台南虱目鱼粥
地址：台北市中华路 2 段 307 巷
电话：(M)0921—052172
营业时间：06:30—13:00

阿憨咸粥
地址：台南市北区公园南路 169 号
　　　（忠义路 3 段底交口）
电话：06—2218699
营业时间：06:10—13:00

自 然 猪

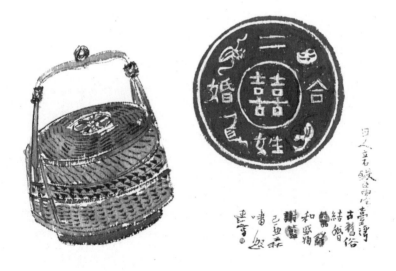

臺灣
古舊俗
結婚
和盛物
謝籃
已亟矣
嘴然
重寺

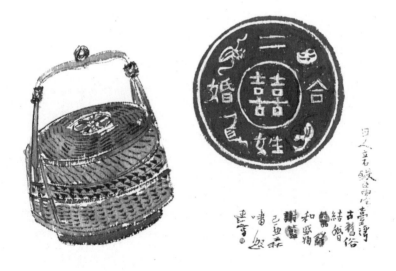

几个茶人相约品茗，还请上廖英棋来烧菜。英棋是室内设计师，身怀好厨艺，尤其擅烹意大利菜；他说烹饪是纾压的方式，每当工作压力太大，心情乱糟糟，就下厨做菜给朋友吃，因此大家都觉得他很值得交往。那天中午，龙虾、黑鲔鱼等等好料陆续下肚，他老兄才郑重宣布要上主菜啰。大家摸着已然肿胀的腹部，怀疑主菜究竟是什么。

"自然猪。"

"猪肉也能当今天的主菜？你少糊弄我们了。"

初尝"自然猪"，肉质干净、细致，口感具清淡的甘甜和富足的弹性。害我一连好几个月深深想念着那猪，英棋怜悯我相思之苦，给了我肉商的联络电话。

我看那塑料包装上强调："绝无抗生素残留、绝无磺胺剂、绝无荷尔蒙，保证210日龄成熟猪，经农委会和动物科技研究所双重认证，确保每头猪安全健康。"这是台湾肉品运销合作社创立的品牌，从饲养、屠宰到销售，严格管制猪的成长状态和疫苗接种，详细记录饲料配方，等于猪有了身份认证。

好像每隔一段时间，就会爆发"黑心肉品"的新闻，许多口蹄疫、病死猪肉流向消费者的肚子。每次看到这种新闻都很沮丧，我们怎会这么衰？生活在满是败类的地方。

一群养猪人深受不肖猪户之害，决定区隔市场，于是出现了自然猪。此猪标榜自然成长、无任何药物残留，是有品牌的猪肉，号称台湾的"梦幻猪肉"。这些猪成长于干净的猪舍，人员进入猪舍必须穿隔离衣，务求隔绝传染病。

自然猪的出现，意味着优质的肉品和合理的消费机制，它定位自己，也定位别的猪肉。这是一个瞬息万变的时代，无论变好或变坏，明天我们的社会终将发生变化。或者是你来改变它，或者是别人为你改变它。Starbucks 通过重新定义咖啡，而改变了咖啡市场。

这种干净的猪肉出现前，我不敢吃猪肝，或二次加工肉品如贡丸。自然猪产量还不大，不免比较贵，销售成绩却越来越好，可见价钱不是问题，吃得健康、吃得安心才要紧。这是一种吃的趋势，我在吃这块肉之前，已先了解它的来源和生产过程。

此肉不仅安全，也颇有滋味，我最常料理的自然猪产品是"带骨里脊排"和"松坂肉"——前者用迷迭香、香菜籽、百里香和酒腌浸一天再烧烤，一人一块作为西餐的主菜，远胜一般的牛排。后者是猪颈肉，油脂分布极细致，肉质弹牙，烹调方式简单，只要在滚水中灼烫即熟，蘸一点酱油膏吃，妙不可言。

台湾属浅碟型社会，仿效之风易行，于是又出现了"晶钻猪"、"香草猪"等等。台东关山自立品牌的"晶钻猪"，生产、经营方式和自然猪雷同，我有时也买。至于"香草猪"，有些店家标榜是以鼠尾草、迷迭香、罗勒等欧式香草及中药配方饲养长大。但我并不相信喂猪吃什么，它的肉就变成什么。

阿兰·迪卡斯在《与美味相遇》一书中报道圣伊里耶（Saint-Yrieix）品种的黑臀猪"都在干草上生活，而且跟古时候的情况一模一样。它们拥有广阔的空间，可以到处散步，夏天时，则住在树林里，它们可以做梦也可以依自己的生活节奏进食，食物种类有大麦、小麦或是小青豆"，黑臀猪的确过着牲畜王子般的生活，"肉质比白猪肉更滑嫩细致，而且颜色鲜红，是一种肥厚多汁的上等肉，烤肋骨或烤肉风味俱佳"。

运动量够，成长就较缓慢，自然不符合成本效益——真正的美食通常与表面上的经济效益不符。我们想吃的肉品自然是生前能自由走动，而非靠注射抗生素维持生命。

然而一般的猪并非如我们想象，乐活在温柔起伏的草原或山丘，而是集中饲养在工厂般的阴暗农场，有的甚至二十四小时灯光照明，以使它们保持清醒而一直进食。

自然猪也还谈不上在自然环境下成长，它们还是得挤在猪笼里吃食，只是饲养环境较干净。牧场最强调的是猪只屠宰前，都经过动物科技研究所作饲料检验、抽血检验，确认它们没有药物反应。可见这种猪的模范生，最大的特色并非品种，而是猪场管理；这是优质农牧业的起步，也是提升饮食文化的有效途径。

"自然猪"已然是一种品牌，一种消费意识，我等待更多的餐馆宣称，他们采用这一类的健康肉品。

有了自然猪，我更相信好肉和好女人都在台湾。

台湾省肉品运销合作社

地址：嘉义县朴子市中兴路 135 号

电话：05-3790108

米粉汤

我住木栅十几年，常吃早餐的地方包括兴隆市场对面、景华街口那米粉摊，和保仪路26巷邻近木栅市场的米粉摊。搬离木栅后，还常怀念那两摊的米粉汤，以及软嫩得宜的脸颊肉、头骨肉、大肠头。

台北的米粉汤多用粗米粉，外表像米筛目，这种粗米粉在大锅中久煮之后即断裂成三四厘米的小段，刚好宜于入口，吃的时候不需筷子，用汤匙较方便，一汤匙中有汤有米粉，很是富足。成品上桌前，不可或缺的是芹菜末、油葱、白胡椒粉。

东门市场里有三摊知名的米粉汤，"罗妈妈"和"黄妈妈"比邻，另一摊在杭州南路1段143巷和信义路2段79巷交叉口，没有名号，却是东门市场里的最老牌，摆摊超过半世纪，虽是路边摊，却很干净；其汤呈乳白色，又没有一般米粉汤习见的油腻，主要原因是大肠煮好即捞起，不让它一直泡煮在米粉汤里。此外，那锅高汤在煮的过程需不断捞弃浮沫污渣，以维护汤底的干净，并保持高汤在小滚未翻腾的状态。

"罗妈妈"米粉汤由一群妇人在经营，营业亦超过半世纪，其米粉较细，量多，因此显得汤少，不过喝完可免费续汤；汤底是用猪头骨熬制，米粉充分吸附汤汁，充满了油脂香。小菜种类甚多：大肠、大肠头、头骨肉、肝连（肝筋）、脸颊肉、脆骨、白管、黑管（猪肚头）、猪肺、生肠、脆肠、猪心、油豆腐、高丽菜……可能是生意太好了，肉、肠煮得不够软嫩。"黄妈妈"米粉汤是一家人在经营，风格清淡，"黑白切"由店家配。两家妈妈的产品滋味颇为接近，生意也都很好。

闽南语"黑白"另带着脏乱、杂便的意思，"黑白切"就是随意切一点东西吃，尤指白水汆煮猪肉、猪内脏，随便切一点，蘸蒜蓉酱油膏吃。这东西，路边摊、小吃店才有黑白切，大饭馆没有。

米粉汤好不好吃，光看外表就知道，盖米粉本身无甚差别，美味的生成完全在汤里头，故好吃的米粉汤一定都用硕大的锅子熬煮各种食材，汤色不可能太清澈，表面还泛着些淡黄的浮油，那是溶解了肉质香（Osmazome）的靓汤，诱人馋涎。"肉质香"指肌肉纤维里的味觉物质，可溶于水中。

西洋俗语说得好：欲煮出好汤，锅子必须先微笑（to make good broth, the pot must only smile）。汤要美，先得喂锅子美味。那锅米粉汤熬煮过头骨肉、脸颊肉、肝连肉、大骨、猪皮、猪大肠，汤头非常腴美，实不必再做任何调味。我无法忍受米粉汤了无滋味，仅依赖味精掩饰，吃味精米粉汤像遭遇骗子，一口就令人绝望。

用大骨熬汤不免浓浊，然则好米粉汤应该是浓郁而不带丝毫腥膻味，像基隆"家弘米粉汤"，熬煮之后再经滤除杂质、油脂的工序，使汤头于甘醇浓郁中带着清纯感。

台北最美味的米粉汤可能是木栅"老娘米粉汤"，此店营业超过二十年，店外没有招牌，招牌挂在店内。不锈钢柜上陈列着各色"黑白切"，勾引食欲；厨房里两个大锅正在熬煮米粉汤，汹涌飘香，那香味，有一种深沉的浑厚感。

我最爱吃的黑白切是头骨肉，却常常不满足于迷你的一小盘，索性跟市场的肉贩订货，回家自己煮来吃。每次我提着一颗硕大的猪头走在街上，常引人侧目，几度被迎面而来的路人打招呼式地询问："做生意喔？"

真是少见多怪，谁说做生意才可以提着猪头走路？

台北的米粉汤是比较简约的。离开台北，米粉汤因配料不同，表现出的面貌很多，诸如宜兰的"阿添鱼丸米粉"是加了鱼丸的米粉汤，"猫耳鱼丸米粉"除了鱼丸还加了水晶饺，花莲节约街的米粉汤则添加贡丸和甜不辣……

米粉汤亦存在着南北差异，南部人喜用细米粉，并以海味煮汤，如台南的小卷米粉就以煮花枝的原汁做汤底，台湾虽小，我们在台北却吃不到。永乐市场旁"民乐旗鱼米粉"和延平北路3段的旗鱼米粉摊，汤底是用旗鱼熬制，滋味迥异于此间习用的猪骨和内脏所煮，堪称独特。

"民乐旗鱼米粉"是我悠闲时的早餐，旗鱼经调味加热处理后掰成肉丝，加进米粉里，再加上油葱、猪油和分量颇多的韭菜。这摊旗鱼米粉没有黑白切，而以炸物供应，包括炸蚵仔、炸虾仁、炸鱿鱼、炸红糟肉、炸豆腐、炸甜不辣。奇怪，我常来吃这些东西，为何在写它们的名字时，还会不自觉地一直流口水？

我爱那一大锅熬煮的米粉汤，热气蒸腾，那气味，总是飘散到记忆深处。

新竹旗鱼米粉
地址：台北市延平北路3段83号
电话：02-2585-4162
营业时间：晚上

民乐旗鱼米粉
地址：台北市民乐街3号
电话：0933-870901
营业时间：06:30-12:30

老娘米粉汤
地址：台北市木栅路1段227号
电话：02-2236-7889
营业时间：16:30-24:00（周日休息）

巷仔内米粉汤
地址：台北市景美街117号前
电话：0935-633673
营业时间：17:30-24:00

担
仔
面

在台湾，夜市、旧社区、庙口、百货公司，到处有好吃的担仔面。

"担仔面"和"沏仔面"都用油面，也都用铁制或竹制网筛煮面，让筛里的面条在滚水中又煠又沏。明显的不同是：担仔面较精致小碗，用肉臊作浇头，有时面上会搁一尾虾或半个卤蛋；沏仔面的分量稍多，用煮鸡、鸭、鹅的高汤作汤底，面上附肉片或仅简单的豆芽和韭菜。两者互相影响，有些沏仔面上也搁一尾虾，很难严格区别。

其实不一定要用油面，延平北路2段的"担仔意面"使用意面，风味颇佳。

担仔面是发源于台南的小吃，"担仔"在闽南语中是挑扁担的意思；用扁担挑着面摊沿街叫卖，创始者是渔夫洪芋头先生。

由于每年清明到中秋是台风季节，风浪险恶，甚至连冒险出海也不能，渔人就暂时卖面营生，取名"度小月担仔面"。风平浪静的季节，讨海人出海捕鱼，收入较丰，算是大月；相对于靠渔获赚钱的大月，勉强摆摊维持生计的时候，自然是在度"小月"了。

世间许多美味竟是这般偶然。洪芋头从1895年把卖面当暂渡难关的副业，如今第四代已然是企业化经营，并有肉臊工厂，专门供应店面，更制成罐头贩售，驰名海内外，其受欢迎的程度，可谓台湾之光。小小一碗担仔面，象征了台湾人辛勤奋斗的核心价值。

在台南，度小月担仔面又分为大房的"洪芋头担仔面"和二房的"度小月担仔面"，两者的面上皆有一尾鲜虾，并可选点卤蛋和卤贡丸。王浩一认为两家的口感有差异，前者的分量大，汤汁也多；后者的精致度较高，肉臊汤汁较浓醇。两者在台北皆有分店。

度小月成功的故事，影响所及，使最初在水仙宫附近摆摊时的元素如红灯笼、矮桌、竹凳、低灶、小炉成为全台许多担仔面的符号，用来装饰自家的店面。大房的女儿所创的"赤崁担仔面"除了继承洪家口味，亦充满这种怀旧况味：煮面处的矮灶矮炉和小竹凳。此店的担仔面分量较一般多，面上有一尾虾，一个卤蛋。我则喜欢炉灶后面那堵涂鸦的墙，用粉笔写的菜单充满俚趣。此外诸如"好记担仔面"的古桌椅和古门窗，辽宁街"郭家担仔面"的大红灯笼……莫不布置出古老的用餐氛围，暗示古早的味道。

新中街"财神台南担仔面"，不仅坐担的师傅端坐矮凳上料理，连用餐处也是低矮的桌椅。生意虽然好，煮面的地方仍一直保持得很干净，令人激赏。此店只淋肉臊，未见鲜虾，当然，可见的虾、贡丸、卤蛋之属俱是点缀，并非主角。

一碗担仔面大抵以虾高汤、肉臊为主调味，加上蒜泥、黑醋、香菜、豆芽等作料；好吃的关键在肉臊。这种面摊少不了一大锅陈年卤汁，永乐市场"永乐小吃"的担仔面上面除了肉臊和少许芽菜，并无鲜虾、肉片、卤蛋等配料，可就是好吃，那浇在面上的肉臊，将那碗面和汤提升得美妙又高尚。

"好记担仔面"风味绝佳，据说每天卖出两千碗，那高汤甚为讲究，乃是用五十斤草虾熬炼出来；那锅肉臊是用猪脚肉所制，面上搁了一块肉、一只虾。虽则浇淋了馥郁的肉臊，汤味却显得清爽、鲜甜，是我在台北最喜欢的担仔面。缺点是面太少，我一口气至少都得吃掉五碗，才能稍慰饥肠。

"好记"充满浓厚的台味和台客幽默感，连餐巾纸亦标榜"国家

要强，怕某爱雄[1]"。所有菜色都有样品陈列在门口，进得门来，店家先招待一小碟豆腐，豆腐泡在酱油膏里，上面放着现磨的阿里山山葵。酱香伴着豆香和轻淡的芥末气息，引导味蕾进入饿乡，风味魅人。至于"招牌豆腐"，用的是芙蓉豆腐，上面撒了大量的葱花。我常吃的还有以荫凤梨、豆豉煮海吴郭鱼，以及埔里绍兴醉蛋、招牌封肉。

华西街"台南担仔面"成立于1958年，原先是路边摊，赚钱后摇身变成台菜海鲜餐馆，现在高雄、台中、板桥、上海都有分店。此店很讲派头，食材高档，店内布置得金碧辉煌，所有器皿皆为进口名牌，如英国Wedgwood和日本Elchee，店家最津津乐道的是一碗面50元，整套碗盘餐具却值16000元[2]。其实来客多不是为了担仔面，而是昂贵的餐具；从前我供职于时报，报社领导常在此宴请重要客人。然而我最喜欢的，还是袖珍得只能当餐后点心的担仔面，常让我想起编《人间》副刊近十五年的生涯和许许多多的文坛往事。

好记担仔面
地址：台北市吉林路 79 号
预约电话：(02) 2521-5999
营业时间：11:30-03:00

财神台南担仔面
地址：台北市民生东路新中街 6 巷 1 号
预约电话：(02) 2761-1887
营业时间：11:30-21:00，周一休息

---

[1] 闽南语发音的"怕某爱雄"，在普通话中是"打老婆要凶狠"的意思。当然，此处纯属恶搞。

[2] 除特别说明外，本书出现的价格均为新台币。

沏仔面

沏仔麵是最物美價
廉的臺灣小吃，要畫畫
於瓮林口洋廬嗁飯

"沏仔面"用的是油面，由于面条在揉面的过程添加了碱粉以强化面筋，故颜色偏黄。这种面条在工厂批货前即已煮过，煮过后和入沙拉油，使外表光亮，并避免面条粘在一起。油面是一种半成品，大大缩短了烹煮的时间，方便小吃业者快速应付涌来的食客，遂长期流行于台湾。

　　顾客点餐后，店家将油面放进一个长柄铁网筛，在滚水中上下炸灼，以免面条纠结，三两下即加热完成。"沏"字是闽南语，带着炸、涮、灼的意思，一般店家习用"切"仔面，缺少了水流冲击面条的意思，我觉得还是"沏"较准确。

　　全台湾的市场、庙埕和老社区都不乏好吃的沏仔面，我最爱吃炎仔的沏仔面。大稻埕"卖面炎仔"这四个字的招牌比店名"金泉小吃店"还要大。炎仔是第一代老板，最初在凉州街摆摊，如今已历经八十载，堪称沏仔面的老前辈。我不曾见过炎仔，听说他"矮壮、浓眉大眼，威严而沉默，紧抿双唇"。

　　我每次去总为客满所苦，刻意避开一般人可能的吃饭时间，亦莫不客满；有一次我饿到下午两点多才去，冒着吃不到的风险，外面还是有人在排队。这爿小店随时挤满了吃客，直到东西统统抢食完毕。

　　"卖面炎仔"处处透露着老：古旧的店面，斑驳的墙，苍老的常客……简陋的吃食空间略显脏乱，所有食物皆暴露在台面上。沏仔面一碗20元，量多而味香，那汤头煮过鸡肉、各种猪内脏，有非常浓郁的猪油香，好像喝一口就会痛风发作；面里有豆芽、韭菜、猪油渣，道地的老滋味，吃一口就停不下来。

　　相对于沏仔面，小菜并不便宜，烫粉肝、猪心、花枝，以及白斩鸡、鲨鱼烟、炒下水都又嫩又鲜，其选择物料的严格，可见一斑。杨健一小时候住附近，他在《卖面炎仔》一文中描述："大桥头市场的鸡贩，一大早从全省各地运来的鸡鸭一卸下来，在未开市前必定是先经由炎仔挑选，挑够了，剩下来的才上市开秤。"尤其红糟肉，是腌过红糟再裹太白粉油炸的五花肉，外表酥酥脆脆，里面甘美鲜嫩，咀嚼间饱含着弹劲，满口都是肉香，蘸着店家特调的甜辣酱会更加美味，允为镇店食物。

卖沏仔面，通常会这样兼卖一些卤、煮的小菜，像各种猪内脏、肉和海产。如临近地铁双连站的"阿国切仔面"，红糟肉切得很薄，常带着软骨；其汤头清澈，油面上是豆芽、油葱酥、芹菜末。此店备有菜单，小菜的选项多，连红油抄手也有。"进财切仔面"的沏仔面上有两片十分迷你的肉片，和卤过的猪皮……

景美夜市"鹅妈妈"面龄犹浅，沏仔面一碗30元，里面有两块里脊肉片，有滋有味，堪称新秀中的佼佼者。其高汤以鹅肉、鹅骨架熬煮，鲜甜可口，无论米粉、板条、冬粉加在汤里都美味。店家用豆腐乳、甜酱、番茄汁调制的蘸酱很清爽，加一点自制的辣椒酱，颇能表现朝天椒特殊的香气，值得切一盘鹅肉或鸭肉。我们吃过太多庸俗的鹅肉，忽然过口这种"高尚"的鹅肉，不免心生感动。

王永庆生前喜欢和三娘去晴光市场"张妈妈切仔面"吃面，这里的鹅肉也多汁鲜美，嘴边肉、红烧肉也不赖，其沏仔面亦做干拌形式，搭配鹅肠汤或下水汤，加一盘地瓜叶是很快乐的组合。

西门町"鸭肉扁"沏仔面一碗50元，除了面上有一块里脊肉片，面及汤的滋味和分量都逊于"卖面炎仔"和"鹅妈妈"。此店创立于 1950 年，是鹅肉专卖店，并无鸭肉贩售。店名"扁"是创业老板的名字，他刚开始还是卖鸭肉的，卖了一年发现鹅肉的生意好，从此不再卖鸭肉，之所以挂鸭头卖鹅肉，只是懒得更改店招罢了。

鸭肉扁店招标榜的"土鹅"其实就是狮头鹅，此鹅体形硕大，接近方形，前额、颊侧的肉瘤发达，覆盖于喙上，正面看起来状似狮头，原产广西和广东的东饶县溪楼村，生长快速，是经济效益高的栏肉鹅。此鹅稍加煮过后再轻度烟熏，煮鹅的汤用鹅骨炖熬，淋上烫熟的油面，再放一块猪肉，便是充满乡土特色的沏仔面。

沏仔面颇有一些滋味，关键在那鹅骨熬煮的高汤，以香味召唤了许多远近的食客；这高汤，使这家小店傲立西门町饮食商圈超过半世纪，如今已是显著的地标。二十几年来，我目睹西门町的容貌不断改变，鸭肉扁却总也不变，它杵在交通辐辏的街头，以坚定的香气招呼来往奔匆的行人，进来稍坐片刻，通过味觉，追忆旧时光、旧人情、旧滋味。

我大一时获时报文学奖，颁奖典礼在中山堂举行。那时候，时报文学奖甫开办，十分郑重其事，规模有如金马奖的典礼。我从阳明山搭公车下来领奖，好不容易才从闪烁不停的镁光灯中醒过来，虚荣得要命，将奖杯放进书包，晃着步出中山堂，得意忘形，才走到中华路就撞断了生平第一个奖杯。我懊恼地检视奖杯，不知如何排解胸中的闷气和伤感，失魂般在附近乱逛。不知什么力量将我推进"鸭肉扁"，吃了一碗面，不够，又吃了一碗，还有一整盘鹅肉，才勉强平复撞毁奖杯的疼痛。

金泉小吃店（卖面炎仔）

地址：台北市大同区安西街 106 号

（永乐国小后门）

预约电话：(02) 2557-7087

营业时间：09:00-17:00

（往往下午两三点即卖完）

鹅妈妈

地址：台北市文山区景美街 37-3 号

（景美商圈 72 号摊）

营业时间：12:00-22:30，周一店休

老晴光张妈妈切仔面

地址：台北市农安街 2 巷 4 号

电话：(02)2591-6793

营业时间：周日店休

鸭肉扁

地址：台北市中华路 1 段 98-2 号

电话：(02)2371-3918

营业时间：09:30-22:30

川味红烧牛肉面

近年来在大陆及海外常见"台湾牛肉面"招牌，此即红烧牛肉面，之所以成为台湾名食，乃历史的偶然。台湾人从前并不吃牛肉，是随"国民政府"来台的军人引进吃牛的习惯。唐鲁孙先生曾说："光复那年，笔者初到台湾，随便想吃碗牛肉面，就是走遍了全台北市，也别想吃到嘴。"

逯耀东教授在《饮食》杂志创刊号上断言：川味红烧牛肉面源自冈山的空军眷村，风行台北，然后由退役老兵播布台湾各地乡镇。台北市第一届牛肉面节还算办得有模有样，当时那场"牛肉面文化高峰会"，逯老师再次强调他的论点。

我半信半疑地表达异议。疑的是生活经验，高中时期的女朋友家住冈山空军眷村，我常常往那里跑，然而除了买"哈哈"和"明德"豆瓣酱，完全不记得当时冈山有什么牛肉面。信的是，冈山辣豆瓣可能模仿四川郫县的豆瓣酱，显然也成了台湾的川味红烧牛肉面的主要调料；但，发源地应该在军营伙房，不一定是冈山眷村，可能就在台北，也可能是中坜的营区。

眷村是台湾社会特殊的聚落，它阻隔了周围的环境，使人带着区隔意识与外界接触。眷村的生活形态因深受军政组织的影响与型塑，封闭而孤立，生活在里面的人遂成为齐美尔（Georg Simmel）所谓的"漂泊的异乡人"。漂泊者并非今天来、明天就走的那种人，而是不与任何一个空间点有紧密关联的人，在概念上刚好跟固着在某一个空间点相反，也就是说，"异乡人"的社会学形式综合了"漂泊"与"固着"两种特质。

卖牛肉面是退伍后相对简易的营生，军队里的伙房老兵，退役后摆摊卖牛肉面是很可理解的事。有一时期，台北市不逾百米长的桃源街，竟出现一二十家"川味牛肉面大王"，形成了饮食的历史风景。早期台湾人做生意很喜欢自称"大王"，这个大王那个大王你也大王我也大王他也大王，可惜这条闻名遐迩的牛肉面街如今只剩下"老王记牛肉面大王"在营业，这"大王"无论滋味、经营形态、生意都数十年如一日。

我吃得最久的也是"老王记"牛肉面，学生时代起就常吃。它甚至没有招牌，却好像一座醒目的地标，几乎成了桃源街的代名词，人称"桃源街牛肉面"的指的就是这一家，"别无分店"。只要人在那一带，不自觉就趋近它，脑海里浮现出一碗令人愉悦的牛肉面。"老王记"的厨房就设在店门口，像极了路边摊，其实无论吃面环境、服务乃至搭盖的二楼铁皮屋，都带着路边摊性格。它的牛肉卤得十分柔嫩；汤色褐红，浮油稍多，汤味浓郁而可口，未喝即先闻到肉质香；普通的阳春面条煮得有嚼劲；每一桌都备有装满酸菜的铁锅，供顾客自取。

牛肉面是一种庶民饮食文化，价廉物美，不仅全台湾到处吃得到，离岛也有不少好面。花莲"江太太牛肉面店"因蒋经国先生来过两次而闻名，墙上挂着他和店东合照的放大照片，街坊邻居又称它为"总统牌牛肉面"。这种牌子的牛肉面使用拉面和腱子肉，由于是大锅炖卤，汤头浓郁，微辣，八角等香料隐而不显，倒是饱含着肉质香。牛肉块卤得软嫩又不失嚼劲，恰到好处。蒋经国先生的亲民作风，使他总能尝到许多风味小吃。

牛肉面里的牛肉块大抵以牛腱、牛腩为主，如台北"鼎泰丰"、"林东芳"和台中的"若柳一筋"、丰原"满庭芳"、花莲"邵家"用牛腱；"牛爸爸"、"老董"和金门"老爹"用牛腩；较特别的是

"大师兄原汁牛肉面"用牛排,"牛董"用丁骨牛小排,"洪师父面食栈"用两种不同的牛肉。

中坜的红烧牛肉面也是远近驰名。早年中坜是北部地区最大的禽畜市场集中地,路边摊所卖的牛杂价廉物美,名闻全台。最令人欣慰的是中坜有几家牛肉面店是二十四小时营业,像"永川"和"新明"。二十四小时卖牛肉面远比二十四小时卖书要紧,台北忝为牛肉面之都,这一点却很值得汗颜。

中坜市新明市场集中了好几家牛肉面店,又以民权路那两家尤为有名:"永川牛肉面"和"新明老牌牛肉面"比邻营业,这两家很容易让人联想到台北市永康公园的那两家比邻的牛肉面,孪生兄弟般,从牛肉、面条、汤头到小菜都很像。"永川"和"新明"点餐后都须先埋单,牛肉面一碗一律90元,可免费加面加汤;桌上都有酸菜供客人自取;小菜都装在小塑料盒里,放置在冰箱;牛肉选用牛腱肉,面条用阳春面;汤头几乎完全一样;青菜都很少,葱花甚多。

新明牛肉面的名气很大,模仿者众,尤其在桃园县,到处看得到新明牛肉面的招牌,逼得这家老店在招牌上加了"正宗"、"老牌"字样,指天誓地强调:只此一家,别无分号。

将牛肉面卖出时尚感的是"牛爸爸牛肉面"和"鼎珍坊",前者以一碗3000元的松坂牛肉面威震江湖,很多人为了表达诚意而在这里请客,此店从食物到环境都予人精致、洁净感,其牛肉面的构思就宛如云门舞集、诚品书店和朱铭博物馆,带给我们深思和启示。后者是新开业的餐馆,"清炖牛肉手工面片"是老板张应来的私房面点,每天限量十五碗,每碗580元,由于是清炖,暂不讨论。

历史的偶然，成就了美丽的文化风景。李欧梵、林宜沄每次来台北，总要先吃一碗牛肉面才痛快。牛肉面，尤其是川味红烧牛肉面，已成为台北的饮食乡愁，召唤集体记忆，召唤我们的情感。

牛爸爸牛肉面

地址：台北市忠孝东路 4 段 216
　　　巷 27 弄 16 号
电话：(02)2778-3075
营业时间：11:00—21:00

老王记牛肉面大王

地址：台北市桃源街 15 号
电话：0937-860050，0919-936811
营业时间：周一至周五 10:00—21:00
　　　　　周末 10:00—20:20

洪师父面食栈

地址：台北市建国北路 2 段 72 号
电话：(02)2500-6850
营业时间：10:00—03:00

清真中国牛肉馆

地址：台北市延吉街 137 巷 7 弄 1 号
电话：(02)2721-4771
营业时间：11:00—14:30，17:00—21:00

皇家黄牛肉面

地址：台北市青岛东路 9 号
电话：(02)2394-3330
营业时间：11:00—20:30

江太太牛肉面店

地址：花莲市中正路 128 号
电话：(03)832-0838
营业时间：11:00—14:00，17:00—20:30
　　　　　每月第二、四周的周二店休

老爹牛肉面

地址：金门县金湖镇武德新庄 26 号
电话：(082)334504，334980
营业时间：周五休息

鳝鱼意面

年年有餘臺灣古早
菜補已再三稻男食也

农历5月到7月，是鳝鱼繁殖的季节，肥鳝开始召唤老饕。

台湾人吃鳝鱼面的历史很短，远不如杭州人悠久，盖钱塘江、西湖一带自古即盛产鳝鱼。然则江浙菜中无论是油炸的"脆鳝"、响油"鳝糊"，或是我在上海常吃的"虾爆鳝面"，皆迥异于台湾的"鳝鱼意面"。

鳝鱼意面乃南台湾的风味小吃，尤其是台南市，可能是鳝鱼意面密度最高的城市，如"老牌鳝鱼意面"、"真味鳝鱼意面"哄传江湖久矣。外地人来台南，要品尝古早味，若无把握，不妨按"阿"字辈寻索，像"阿美饭店"、"阿霞饭店"。连小吃也是，诸如开元路的"阿铭鳝鱼意面"、公园路的"阿辉炒鳝鱼"、西门路的"阿铁鳝鱼意面"、民族路的"阿江鳝鱼担"……

鳝鱼面大抵有两种：炒面和卤面。我从前在高雄吃的多属卤面：先汆烫面条，捞起，装盘；再用猪油爆香洋葱、大蒜、鳝鱼，加入高汤，调味，糖醋勾芡，浇淋在面上。

台北的鳝鱼面多属炒面，工序颠倒：先热锅，爆香洋葱、大蒜后，加入鳝鱼、高汤，调味快炒，起锅；再用锅中的汤汁略炒意面即装盘，最后将鳝鱼料铺在面上。这两种面所用的面条不同，卤面常用油面，炒面则多用意面。意面殊异于盐水意面，而是"伊府面"，伊府面是一种半成品，主要制法是和面粉时加入蛋液，擀好后切成细面条，煮至七分熟再油炸、干燥处理。

那伊府面一坨坨摆在摊上，乍看似泡面，仿佛又干渴又饥饿，入锅即狂吸芡汁，旋踵即绵软。鳝鱼意面最特别之处即在那酸酸甜甜的芡汁，名店名摊都有自己的配方，主要以乌醋、米酒、糖调味，须调得酸甜平衡，其滋味颇似"五柳羹"。其中最要紧的是醋料，有些讲究的店家用了好几种醋去调味——自然，这是不传之秘。

总之，成品总呈现软滑的口感，软滑中又带着饱满的弹劲。我们小时候都叫它"鳝鱼炒意面"；虽有大火快炒的动作，其实炒的是鳝鱼，实际成品应为"鳝鱼意面羹"，黄色的面条，褐色的鳝鱼，油光乌亮，淡淡的咸味带着清楚的甜和酸。

很多店不会处理鳝鱼，致鳝肉沾着泥膻味。好厨师需用心了解食材，包括它的生长环境、季节和料理特性。鳝鱼这主角，需在清水中养一两天，去其泥味，而且需现宰的才鲜甜。大蒜、洋葱是重要的配角，下料不能太保守；其次才是高丽菜、胡萝卜丝和葱段的点缀。

现在的鳝鱼多为冷冻进口货，不足为训。新营"清香鳝鱼面"犹采用野生鳝鱼，盖新营多池塘溪流，农民夜间捕捉野生鳝鱼，翌日挑到市场卖，因而"清香"每天能炒野生鳝，滋味绝佳。这是遵古法炮制的典型，"古法"的精神内涵并非抵拒现代化，而是坚持美味，包括材料讲究、工艺认真。"清香鳝鱼面"连炒鳝鱼的灶也还以"粗糠"做燃料，粗米糠的燃点低，抢火快，适合猛火爆炒的场面，还使鳝鱼染上轻淡的熏香。

不仅以粗糠做燃料，也用烧过的粗糠灰洗涤鳝鱼，物尽其用。此外，"清香"更用鳝鱼骨熬汤，免费供应给顾客。这么体贴的行为，奇怪别的店家何不仿效？

猛火爆炒在于求鳝鱼的口感，令它清脆滑润而弹牙，台南沙卡里巴"老牌鳝鱼面"标榜27秒快炒，意思是从鳝鱼下锅到炒好起锅仅需27秒，以保持鳝鱼的口感。看掌勺者大火快炒，油烟轰窜，我有时会联想到台湾早期移民的暴烈性格。

从前我家在高雄市，家门前有一小吃摊聚集的夜市，我常在那里吃鳝鱼面，颇受地利之便。这个小夜市越来越热闹，吆喝声划拳声不绝于耳，可恨常有人喝了啤酒就在我家旁边的防火巷小便，日积月累，尿骚味弥漫，渗透进家里。高一那年，有天晚上，又听见窗外的小便声，忍无可忍，遂冲出去理论，没想到挨了拳头，我捂着被打歪的鼻梁，来不及止血，拿了一把刀再度冲出家门，却不见了那群醉汉。

其实他们的面貌已经很模糊了，我还是藏着尖刀，每天逡巡在夜市寻找仇家，带着为民除害的快意，直到听见家门前的几声枪响。高雄市是台湾枪击火并的发源地，自从六合夜市发生枪击事件，黑道持枪日益普遍，现在枪支已经泛滥到自家门口了。我忽然觉得怀中的尖刀像玩具。

我一度想干掉仇家的尖刀有点像宰鳝鱼的刀，不可能面对四面八方持枪的老大，只能对付被钉在砧板上的无助鳝鱼。由于鳝鱼好动，皮又滑溜，得迅速出刀，准确拿捏落刀的深度，顺势剖肚，去脊骨。这是鳝鱼摊常见的宰鳝场景。

台湾的鳝鱼意面结合爆炒、糖醋勾芡的烹调工艺，与鳝鱼意面口感相近的风味小吃还有"魟魟鱼羹"、"生炒花枝"等等。我的鳝鱼意面记忆，连接着轰隆作响的火势和声势，这种独特的味道完全不见于大餐馆，只流行于市井，乃典型的庶民小食。

清香鳝鱼面

地址：台南县新营市第二市场内

电话：06-6328341

营业时间：10:30—14:00，15:30—19:00

　　　　　　周一店休

阿铁鳝鱼意面

地址：台南市西门路 2 段 352 号

电话：06-2219454

营业时间：14:00—21:00

老牌鳝鱼意面

地址：台南市中西区沙卡里巴 113 号摊位

电话：06-2249686

营业时间：11:00—21:00

大肠蚵仔面线

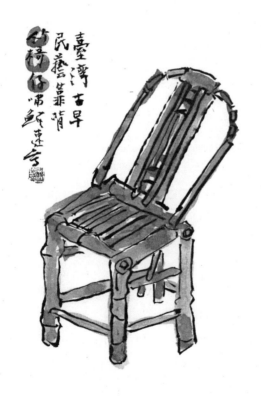

臺灣古早
民藝豈非
竹稿仔帶靠背
鄭建今

大肠蚵仔面线早期叫"面线羹"，或称"面线糊"，意谓面线如糨糊般黏稠。小时候，我在高雄吃的面线糊多是蚵仔面线，到了台北，变成大肠面线。物料不同，又显南北的饮食差异。

此物咸中带甜，源于厦门、泉州一带的小吃"面线糊"，却已发展成不同的形态。泉州的面线糊接近广东粥制法，以面线为底，盛于小锅中，再下肉、肝、肠、腰等物，煮滚配油条吃。厦门的面线糊则多用猪下水煮高汤，再将面线在滚汤中煮成糊状，掺入猪血、芹菜，吃时常搭配各种卤料或油条。台湾卖面线者常兼卖臭豆腐，金门则多兼卖鱼炸。

面线易烂，虽曰"面线糊"，仍须避免煮成糨糊，讲求糊而不烂，糊而不乱。好吃的面线要滑，滑中犹挽留着些咬感。

金门的面线糊属蚵仔面线，乃以野生石蚵为主角，所用面线乃当地特殊的手拉面线，较具韧性，是金门人常吃的早餐。有些店家会添加猪肠、猪血煮，并配油条吃，食法接近厦门。

金门"上古厝面线"即以弹劲闻名，制面线强调接、挂、甩、搧等功夫，重点其实是面线初制后曝晒阳光两天，令它自然风干，带着海风的气息。澎湖风大少雨，亦适合晒制面线，其手工面线相当迷人。

面线下锅前需先用清水洗过，以维卫生。有次误信媒体推介，到西园桥下吃蚵仔面线，蚵仔又肥又鲜，可惜面线有一股蟑螂屎味，令人倒胃。面线忌冷，冷掉即难以下咽，食用得保持能烫嘴的热度。最好能边煮边卖，不要一次煮太多，因为面线若搁置过久，即失去口感，吃起来真的像糨糊。

虽然配料和面线都和在同一锅里，然则烹调之初，不管蚵仔或大肠，都不宜跟面线和在一起，而是分锅来煮。高汤勾芡后，才加入面线、蚵仔或卤煮熟的大肠拌和。勾芡勿太浓，太白粉若未溶解化开，掺杂在大肠、蚵仔、面线中，状甚恐怖。

现在卖面线糊的多加入大肠、蚵仔两种主料，混合了南北物产。其实两种食材味道殊异，性格相左，并不适配。我主张大肠、蚵仔两者择一做主角为佳，不可太贪心；两个都爱，往往一个也爱不到。至于有些店家混进贡丸切片，更不足为训了。

卖面线的店家常会供应辣椒、香菜、乌醋或蒜蓉，给客人自行调味。其实面线的美味关键在于羹汤，羹汤不佳，非强烈的调味料所能抢救。

若是以牡蛎为主调，汤讲究鲜，蚵仔面线的高汤不妨多用海产，如虾、淡菜、蛏、蚝或海菜之属。

牡蛎之美在其裸身，不仅令汤头鲜甜清澈，由于未加粉饰，亦呈现一种坦诚来相见的态度。蚵仔切莫裹粉，需用未泡过水的鲜蚵，大火稍烫即成，不可在水中煮超过一分钟，否则蚵仔失水，即失去肥嫩之美。很多商家烫蚵仔，动辄裹太白粉，委实是习艺未精。盖那鲜蚵极其鲜美柔弱，不受太白粉的蒙蔽，也经不起滚水折腾。

若是大肠当家，则大肠需卤得入味，其高汤宜用猪大骨，和猪肠一起熬煮，令油脂融入汤水之中。若要丰富汤头的层次，可另加鲜笋、柴鱼或虾米提味。

大肠、大肠头都比小肠的口感佳，实不宜换小肠担纲主演。大肠的香是一种油香，肠子务必处理干净，卤煮到软韧适度。

西门町"阿宗面线"卖的是大肠面线，虽然有一爿小店面，却不提供座位，食客须端着碗，捧着烫嘴的面线或站或蹲，在骑楼下在马路中间吃，蔚为奇观。更怪异的是顾客经常大排长龙等待，再端着那

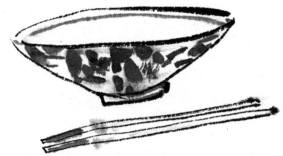

臺灣
古早的箸
繪花の
瓷碗與

碗面线到店家设在柱子旁边的调酱台，加一些符合自己口味的调味料。

阿宗面线太出名了，连百货公司也设有据点。其实好吃的面线很多，师大路的"阿鑫面线"滋味细致、美好，不遑多让。从前阿鑫面线也吃得到蚵，苦于优质鲜蚵难觅，索性放弃，让大肠扮独角戏。幸亏阿鑫找不到好牡蛎，我们从此才有更美味的面线。

"二鱼文化"创立之初，在师大创新育成中心租借办公室，对面就是阿鑫面线，我几乎每天下午都吃一碗大肠面线。创业维艰，刚开始时还常自己推着手推车到和平东路的邮局寄书。出版是夕阳产业，有时不免忐忑于自己的抉择与决心。阿鑫面线往往令不安的精神笃定。它的辣椒极烈，鲜艳的色泽十分诱人，每次都吃得我头皮汗如涌泉，天空忽然亮了起来。

大肠蚵仔面线多以摊贩形式存在，因而较一般餐馆无常，初见才钟情，怎知它忽焉消失，杳无踪影。从前木栅游泳池门口有一摊大肠面线，甚是好吃，我每次游完泳必定吃一碗，酣畅淋漓。我搬离木栅前，某一天，它竟飘然离我而去。没有迹象，没有道别，我感受到命运的残酷。

阿鑫面线

地址：台北市师大路 39 巷 8 号
预约电话：(02) 2363–3695
营业时间：12：00–00：00

阿宗面线

地址：台北峨嵋街 8 号之 1
预约电话：(02) 2388–8808
　　　　　(02) 2361–0099
营业时间：11：30–23：30

泡
面

一碗陸拾
滷蛋麵
焢肉加
臺灣小吃
玉至作佐好

泡面是台湾人的创意。

我对泡面的感情最初发生在国中时——半夜起来看威廉波特少年棒球赛转播，必定不能缺少泡面。泡面加世界少棒锦标赛，连接了我们那一代人的集体记忆。

刚入伍时操练严格，每天几乎都耗尽体能，恨不能一天吃五餐。每次吹熄灯号时总是饿得要命，偏偏教育班长例吃泡面，那面条、猪油肉臊、油葱酥经滚水烫泡，强烈的气味冲出钢杯，来到辗转反侧的枕头前，诱惑我，折磨我。每天深夜，营房里此起彼落的都是他们教育班长吃泡面的声响。我第一次感受到阶级差别。

如此这般思念泡面三个月，训练中心结束时刚好过农历年，我面对除夕夜那些鸡鸭鱼肉全没了胃口，竟连吃两包泡面。

余吃遍各种泡面，积四十年之经验，特别偏爱日本日清食品公司的招牌产品"出前一丁"。江映瑶告诉我，香港"兰芳园"卖的捞面就标榜使用"出前一丁"的面条，可见英雄不怕出身低，泡面也能够煮得高明，卖得高贵。

长期嗜食泡面有碍健康，是人尽皆知的常识，虽然泡面发明人安藤百福信誓旦旦地说，泡面和运动是他维持健康的两大法宝。安藤百福本是台湾人，原名吴百福，他创办"日清"，活到九十七岁，犹每天吃泡面，每周打两次高尔夫球。

不过泡面不好当零嘴吃，将那包综合盐、味精、胡椒的调味粉倾入泡面中干吃，无异仇恨自己的肾脏。

还有，聚苯乙烯所制的面碗，既不环保又危险，还是少吃冲泡的碗面为妙。我煮泡面，总刻意在锅子里多加一些水，水沸后，放入半包调味料，先煮三分钟，以溶解抗氧化剂。汤水多，却完全不要喝，只吃面条和浇头。不仅为了健康，更是为了品味——我总觉得泡面里的调味包很像巧言令色的人，那么重的调味，虚矫而浮夸，善于欺骗我们的舌头。

泡面要煮得美味，关键在火候的掌握，面条没煮透难以下箸，稍微煮过头又很容易糜烂，必须准确拿捏，边煮边弄散面条。我的经验是以大火煮一分钟左右即起锅。

单煮泡面不免乏味，打一个蛋、放点青菜或鱼丸进去，丰富口感也照顾了营养。那个蛋尤其要紧，荷包蛋之美在于将熟未熟之间的流质状态，经过热乎乎的面条，香味溢满口腔。我总觉得，荷包蛋最好的吃法就是这样，最适合配热乎乎的面条或米饭，果能如此，则每一个荷包蛋都像一次爱人的长吻。

泡面是台湾人的骄傲，不但发明泡面，更善于营销泡面，如果没有"康师傅"和"统一"，大陆同胞去哪里吃泡面？

炒
米
粉

2006 年台北文学奖在西门町的红楼剧场举办"文学宴",邀请一百多位作家、出版人与会,我设计的这场主题筵宴以作家私房菜为轴,并尽量纳入汉族主要菜系和原住民、外国料理,以彰显台北市的多元文化美感。

这场晚宴从沙拉到甜品多获得盛赞,美中不足的惟有"黄春明炒米粉",有几个人表示还不如自己的手艺。黄春明那天人在香港,陆续耳闻此事,很不甘心,表示要为炒米粉申冤。

在台湾社会较贫穷的年代,炒米粉是一般家庭郑重宴客的菜肴;大拜拜时,供桌上摆出炒米粉是很热情、虔诚的态度。

黄春明的炒米粉名闻文学圈,他真的很得意这项创作,个性又热情,猜想已经有不少朋友吃过他炒的米粉,我自己就吃过几次。

欲了解黄春明炒米粉的真谛,须明白他的米粉美学。他常说,米粉是一种很慈厚的食物,甚至有点笨,你喂它什么,它就变成什么。因为米粉是干的,重点在于米粉下锅炒作之前,那锅爆香的汤汁;汤汁的味道完全左右了米粉的味道。

根据这样的创作前提,黄春明认为米粉就不能在下锅前先行泡软,否则那米粉即没有吸收香味的胃口。所幸现在制作米粉皆机器烘干,未露天曝晒,当无虞卫生问题。虽则不用浸泡,我还是不太敢相信卫生无虞,主张米粉需先用清水冲洗过。

读林文月《炒米粉》,知道她亦是个中高手,此文强调拌炒的动作和火候,是较少人提及的:"动作宜求彻底,但避免粗重繁复,庶几炒出之米粉才不致断裂不雅观。至于拌炒时的火候,宜保持中度,火势过猛,易导致焦煳,火势太弱,则在多汁的锅中浸久,往往令米粉断碎。"

米粉细长，炒起来不能缺乏耐心，务必令其均匀受热并吸吮高汤，未软化熟透的米粉宛如橡皮筋。"文学宴"上的黄春明炒米粉干涩难咽，乃油水不足所致。料想是当天上菜流程紧迫，"喂"米粉的时间不够。

我认为炒米粉的工序是先炒后拌——配料先炒香，米粉下锅以后的操作则改成拌。

米粉这种食材炒煮两宜，我就是不能忍受充斥坊间的"干米粉"，先煮了再浇淋酱汁，了无滋味，满嘴只有酱汁。淋汁这动作乃做生意求其方便迅捷，不过起码也得淋上像样的肉臊卤汁。大家之所以觉得"(许)大新竹炒米粉"好吃，关键就在该摊的肉臊。

米粉须入味，口感柔润又饱富弹劲。新竹市城隍庙口的"阿城号米粉"选用南势米粉寮附近所制手工米粉，拌炒后淋上特调的碎肉卤汁。吃炒米粉配招牌鱿鱼肉羹，回味无穷。"阿城号米粉"炒制前也未浸泡，仅用开水烫过。

我自己炒米粉喜用新竹"东德成米粉工厂"的手工产品，美味的炒米粉还需纯米制造的米粉，配料则荤素皆宜，丰俭由人；最要紧的工序还是在于先以大骨熬制高汤。其次是爆香猪肉、虾米、香菇、青葱、胡萝卜、高丽菜、黑木耳，这类配料须尽量往细里切，令口感能搭配米粉，不致粗细夹杂、软硬扞格，才能无碍那细米粉之咀嚼。爆香之后，倾入高汤焖拌米粉，直到收干。吃炒米粉需有不畏油的勇气，盖米粉又饥渴又冲动，一入锅即狂吸汤汁油水；米粉吸收汤汁的过程即其软化熟成的过程。

除了这种台湾最常见的什锦炒米粉，我也嗜食"金瓜（南瓜）炒米粉"，此乃澎湖名肴，在澎湖吃金瓜炒米粉会吃到鱿鱼或花枝、虾仁，台湾本岛则少掉这类海味。我觉得台北的金瓜炒米粉较美味的是"北海渔村"、"鲜"和"新东南"几家，虽然加了南瓜去炒，基本上还维持着台湾炒米粉的滋味。

我在马来西亚常吃的"星洲炒米粉"亦呈现金黄的诱人色泽，却完全是殊异风格，大概添加了黄咖喱。此外，星洲炒米粉的配料很特别：朝天椒、鱼丸、鲜虾和肉末，展现浓烈的南洋气味。

炒米粉可以当主食，也能够作菜肴，角色转换自如。擅炒米粉的人皆知，那锅细如发丝的米粉不免纠结，像许多恼人的琐事。高明的手艺仿佛高明的情绪管理，以从容不迫的治事态度，面对眼前三千烦恼丝。不过炒米粉真的很好吃，我常常因吃太快而噎着；隔一阵子没吃，就想念得要命。

东德成米粉工厂
地址：新竹市延平一段 317 巷 3 弄 47 号
电话：03-5233530
营业时间：07:00—22:00

北海渔村
地址：台北市杭州南路 1 段 8 号
　　　（近忠孝东路）
电话：02-23576188、23576189
营业时间：11:00—14:30、17:00—21:30

新东南海鲜料理
地址：台北市汀州路 1 段 105 号
电话：02-23322898
营业时间：11:30—14:00、17:00—24:00

鲜
地址：台北市北宁路 24 号
电话：02-25791650
营业时间：11:30—14:00、17:30—22:00

卤肉饭

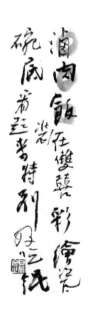

卤肉饭
在双喜彩绘瓷
碗用着显着特别好吃

赵舜、吴清和载我去"财神台南担仔面"吃卤肉饭，确实好吃，我们几个胖男人都干掉几碗，还频频要求店家在碗里添加卤汁，行止宛如奋不顾身的战士。

　　过几天换我带他们到"富霸王"，也是吃卤肉饭。"富霸王"向以卤猪脚闻名，其卤肉饭以猪脚卤汁取代了一般的五花肉卤汁，以碎腿肉取代肉臊，胶质满溢，符合经济效益，也开创了想象空间，是全台北我最心仪的卤肉饭。

　　我总觉得最能表现台湾人创意的，莫过于花样繁复的米食。台湾虽小，南北还是有些微的饮食差异，例如北部人叫"卤肉饭"，南部人多曰"肉臊饭"。其实此物是卤制肉丁作为浇头，淋在白米饭上，故"肉臊饭"较为准确。

　　上次复旦大学陈思和教授访台，见街头店招"鲁肉饭"，不解地问：台湾鲁肉饭的"鲁"字，是否即"卤"？我说"鲁"字用于此确是错字，然则因袭日久，有些店家遂以讹承讹。盖"卤"乃将原料放进卤汁里，经过长时间加热煮熟，属中华料理的传统工艺，北魏贾思勰《齐民要术》即已记载卤制技法，到了清代《随园食单》《调鼎集》更有了卤汁的配方和卤制方法。

　　卤肉饭是台湾寻常的庶民食物，普遍的程度可谓有人烟处即有卤肉饭，带着粗犷而随意的性格。像阿娇（庄月娇）这样自己租地种合鸭米来煮饭，选用深坑吃豆腐渣长大的黑毛猪，用纯酒卤肉臊，再搭配松子和乌鱼子，已经将卤肉饭打造成时尚精品。

　　在台湾，很多人从刚冒出乳牙即开始吃卤肉饭，吃到满嘴假牙还和它缠绵不休。我猜想最初是台湾先民在生活艰困时期，充分利用猪肉，将肉的碎末加酱油卤煮，成为十分下饭的浇头。物价不断飞涨，南机场社区邱氏"台南虱目鱼粥"的"肉臊饭"一碗却仍卖10元，滋味绝佳，价格却远低于坊间的卤肉饭，真担心他们的成本。

无论卤肉饭或担仔面，卤汁一般都持续使用，只是不断续添主料和香料，故卤汁越陈越香，里面的原料会益加醇厚。所有历史悠久的店家总爱强调使用的卤汁是老卤，有的店家甚至故意展示从未清洗的"狗母锅"（砂锅），以示老陈。

一碗白米饭铺上一层五花肉丁，肥瘦咸淡适度，腴而不腻。一碗卤肉饭，简单，却自足而完整，可以无须任何佐菜而滋味俱全。不过，爱上卤肉饭的人鲜能不嘴馋？我吃卤肉饭不免还会点食卤锅内的鸭蛋、大肠头、豆腐，若忽然闪过健康念头，则再烫一盘青菜敷衍。

卤肉饭制作简单，谈不上什么祖传秘诀，只要肯用心制作，没有不好吃的道理。关键在煮出好饭，和那锅老卤汁与里面的肉臊，认真掌握选料、去腥、爆香、卤煮的工序。我坚信家家巷子口多有一摊梦幻卤肉饭，名店不见得就胜过我家附近的那几摊小吃店。

重庆北路二段，靠近南京西路的地方，毗邻着三家知名卤肉饭："三元号"、"龙缘"、"龙凰号"，三家店从前都是建成圆环内的老招牌，名气响亮。尤其"三元号"的卤肉饭，闻名近一世纪，可我并不喜欢它浇淋过多的卤汁和偏瘦的肉臊。

卤肉饭难免油腻，油脂丰富的肉臊汁似乎是必要之恶，盖那油脂是香味的来源，去油脂化很可能连美味一起消灭。像"阿正厨房"以海带取代猪油熬煮，美味又健康，是了不起的创意。

丽水街"大来小馆"的卤肉饭亦表现出轻淡美，属高难度动作，背后需付出大量的心力。店家采用油较少的猪后颈和前腿肉，先爆香炒过，除油，再以文火长时间卤煮，令肉臊有一种滑嫩绵密的美感。

肉臊美味的关键在肉品，首先需选用当天屠宰的温体猪，常用肩胛肉、五花肉、腮帮肉切丁卤制；万勿使用机器绞的碎肉。其次才是爆香、卤制技术。卤制肉臊亦因人而异，如"胡须张"的浇头选用猪颈肉，且切成肉丝，而非肉丁。台南"全生小食店"的卤汁加了黑糖和甘草，浇头是猪皮，正宗的台南味：甜。啊，台南小吃真是鲜有不甜的。

卤汁的构成主要是酱油和米酒，辅料离不开香菇、红葱头、冰糖、葱、蒜、胡椒……酱油的质地和配料的组合直接影响了口味。

我认为卤肉饭最适配的是虱目鱼皮汤或鱼丸汤、萝卜汤，苦瓜排骨或金针排骨也不赖；较浓浊的汤品则非我所好。

吃卤肉饭不宜孤独品赏，宜在热闹欢腾的空间，在服务员的吆喝中，和狂饿的好友抢食。吃卤肉饭不能故作斯文，一定要大口扒饭才够劲，咀嚼起来才痛快。日前台北市的卤肉饭大胃王比赛，有参赛者举口就将饭倒入嘴，再灌水吞咽下去，嚼都没嚼一下。卤肉饭一定要热腾腾的才好吃，那米饭是刚煮好的，将这么烫嘴的米饭直接倾入胃囊，近乎特技表演。不知他们是如何磨练的喉咙，竟能如此宽敞光滑？

这种活动自然与美味无涉，倒令人想到猪八戒对待食物的办法。八戒随时保持饥饿状态，例如第二十回，师徒来到一村舍借宿，王姓屋主办斋款待，"儿子拿将饭来，摆在桌上，道声'请斋'。三藏合掌讽起斋经。八戒早已吞了一碗。长老的几句经还未了，那呆子又吃够三碗"。

有人三分钟吞下十碗半的卤肉饭；有人为了夺奖，吃到反胃呕吐。台湾人工作勤奋，忍劳耐操的程度恐怕居世界之冠，实在需要卤肉饭这种好东西安慰肚肠，却完全不必像倒垃圾般，将卤肉饭直接倒入胃袋。

我天生是个大饭桶，只要想到卤肉饭，就会想到赵舜、吴清和这种肥友，就会蠢动着汹涌的食欲。

富霸王
地址：台北市南京东路 2 段 115 巷 20 号
预约电话：(02) 2507-1918
营业时间：11:00-20:30，周日休息

阿正厨房
地址：台北市安和路 2 段 20 巷 8 号
预约电话：(02) 2702-5276，2702-5277
营业时间：11:30-14:30,17:30-21:30

大来小馆
地址：台北市丽水街 13 巷 2 号
预约电话：(02) 2356-7899
营业时间：11:30-14:00，16:30-22:00

咸
粥

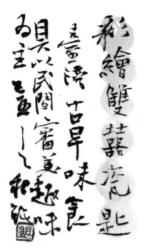

咸粥源自泉州的"半粥"，最初流行于农业社会时期的台湾农村。我入学前曾寄居在外婆家，外公的稻田请人帮忙收割，下午时分，外婆辄煮一大锅咸粥，挑到田地里分盛给大家吃。秋日下结实累累的稻穗，歌咏队般在风中规律地摇摆着金黄的头发，我穿梭在人影稻影间，心头饱满着兴奋感。那是振奋人心的点心，吃完了又吆喝着继续干活。

徐珂编撰的《清稗类钞》将粥分为普通、特殊两类。普通之粥包括粳米粥、糯米粥、大麦粥、绿豆粥、小米粥等等谷类熬煮的清粥。所谓特殊，乃是加入燕窝、鸡屑、鱼块、牛肉、火腿之属，用料相当丰富。流行、发展于台湾的咸粥即属于特殊的粥，内容完整而自足，无须佐以菜肴。煮粥一般多用粳米，延吉街"汐止车头"则用糯米烹煮，汤底用丁香鱼、笋丝、虾米熬过。

台式咸粥的内容南北不同，大抵是"北肉南鱼"，即北部用猪骨熬汤，南部则用鱼骨。北部以猪肉为辅料，是为肉粥，商家常兼卖红烧肉或炸虾、炸蚵、炸豆腐。南部用鱼肉作辅料，是为鱼粥，顾客常搭配油条吃，如台南的"阿憨咸粥"为虱目鱼粥，片薄的虱目鱼肉十分鲜美；"阿堂咸粥"则是土魠鱼（鱯鱼）粥，土魠鱼先煎熟，再剥碎加入粥里。两者又皆以鲜蚵作为配角。

南部鱼粥的内容丰富，远胜于北部的肉粥，自然也较贵，如"阿堂咸粥"的土魠鱼粥一碗台币 60 元，"阿憨咸粥"的虱目鱼肚粥一碗 90 元，一大块虱目鱼肚外加牡蛎、鱼片，十分豪华。每次想到咸粥，不免因为自己居住在台北市而自卑感陡生，甚至觉得生活乏味。

幸亏台北市还有邱氏夫妇在南机场社区卖虱目鱼粥，邱先生老家在台南，有自己的鱼塭，每日专程运来新鲜鱼货，我们才有福气大清早吃到美味细致的鱼粥。

虱目鱼从头到尾几乎每个部位都可烹制出精美菜肴，因此店家都兼卖鱼肚、鱼皮、鱼头、鱼丸、鱼肠……吃鱼粥，再点食鱼肠、鱼皮，是美丽人间的象征。这虱目鱼肠，其实是鱼内脏，包含了鱼的肝、肠、胃、心，每一种的滋味不同，口感迥异，彼此却细腻地合奏，吃进嘴里那瞬间，仿佛听到了莫扎特。

虱目鱼的内脏保鲜困难，冷冻又破坏口感，因此离开产区就不易尝鲜。我觉得学甲镇最傲人的文化风景是"永通虱目鱼粥"，此店清晨五点即开市，乃因学甲镇邻近盛产虱目鱼的北门、将军、七股，人们才吃得到鱼头红烧腌瓜。

南部鱼粥的汤底乃鱼骨熬制，极其鲜美。制作时多习惯将汤加入煮熟的饭中，形象接近泡饭，通常再加一点芹菜末和油葱提味。然则也不全然，澎湖"阿嬷咸粥"虽属鱼粥，却带着广东粥的姿态，最特别的是此店的鱼肉依时令变化，如春夏用嘉志鱼、秋天用竹午鱼、冬日用土魠鱼，表现出强烈的风土色彩，配料还可加选油条或荷包蛋。

北部的肉粥以猪大骨熬煮高汤，再用浸泡过的生米和高汤一起煮，米要煮透呈半透明状却颗粒清楚，火候是关键，趁汤底未变成米浆即捞起米粒，避免煮至糜烂，名曰"半粥"，迥异于广东粥的浓稠。

大稻埕慈圣宫前，即保安街49巷，是一条小吃聚集的摊贩巷，其质量力追基隆奠济宫口的小吃街，可惜年轻人多不识老滋味，来这里吃东西的多半是上了年纪的。慈圣宫前有一广场，广场边老榕树下摆了些桌椅，算是这些摊贩另外共有的开放空间，我欢喜坐在这里吃咸粥，有时也会点食隔壁摊的肉包、蚵仔煎，或第九摊的原汁排骨汤。

叶记的"肉粥"每碗 20 元，调味绝佳，那是咸粥最素朴的表现，没有芹菜末、葱花、香菜，粥呈褐色，显然是加了酱油，除了米饭，可见的仅萝卜签、肉羹和小虾米，这碗粥并不因为便宜而敷衍，里面竟有三块美味的肉羹。那粥底，尝起来应是熬过大骨和萝卜的汤头，温暖人心。我在这里吃粥，常顺便炸些红烧肉、鲜蚵、虾仁、豆腐或红糟海鳗吃。

万华"老艋舺咸粥店"营业已一甲子，咸粥亦每碗 20 元，不用酱油，粥呈白色，予人清淡感，上面浮着两片红烧肉和油葱、豆皮、小白菜、葱末，有时还会看到笋丝，颜色很好看。蚵仔鲜美，油豆腐、红烧肉也十分好吃，其红烧肉色泽较鲜艳，口感较嫩；不同于"叶记"和"周记"的酥脆感。点食时店家会体贴地问：喜欢偏肥或偏瘦？

广州街"田仔周记肉粥店"创立已逾半世纪，其咸粥较小碗，呈暗褐色，里面有一块肉羹，以及油葱、虾米和油豆腐碎，此店人气最旺，可是除了那红烧肉，其他滋味则稍逊于前述"叶记"和"老艋舺咸粥店"。

大甲盛产芋头，"福宴国际创意美食"的鲜蚵芋头粥，有大量的鲜蚵和芋头，再用葱花、香菜助味，鲜甜的蚵仔和醇郁的芋香携手合作，委实是我体验过的最豪华、最美味的咸粥。

咸粥是理想的早餐，更是台湾人了不起的创意产业，应妥善包装，行销全球。

福宴国际创意美食

地址：台中县清水镇中山路 18 号

电话：(04)262-2875

营业时间：11:00-14:00，17:00-21:30

叶记肉粥

地址：台北市保安街 49 巷 32 号对面

　　　（慈圣宫前）

电话：(M)0916-836699

营业时间：09:00-16:00

老艋舺咸粥店

地址：台北市西昌街 117 号 1 楼

电话：(02)2361-2257

营业时间：06:00-14:00

筒仔米糕

製鉢
竹筷成龍
臺灣先民食
具迺寫邑丑
鉢

一天早晨去明道中学演讲，陈宪仁社长在台中火车站接了我，先到"民生嘉义米糕"吃早餐：米糕、柴鱼汤、卤蛋。所谓"米糕"，其实是以糯米为底的卤肉饭，跟台南市"小南米糕"一样。可是美就美在那锅卤肉臊，有着古早味的坚持，卖米糕三十几年来，始终选用干燥红葱酥和猪后腿肉爆香，少了一般卤肉臊常见的油腻味。而糯米饭好吃的秘诀，应该是炊熟后再移入木桶内保温。香松弹牙的米糕搭配甘甜的柴鱼汤，十分美妙。

因为这顿早餐，我觉得那场演讲充满了活力，面对学生也慈眉善目。

大学毕业时我租房住在南机场社区附近，常吃夜市"小德张"筒仔米糕配排骨酥汤，米糕软腴，排骨酥汤浓郁。后来西藏路出现一家"呷七碗免钱"的米糕，小小一碗，分量轻得像怀石料理，一天中午我几口连吃了两碗后，升起焦躁的饥饿感，遂对室友尧生、翠芬说吃七碗何难之有？在他们的怂恿下，我大声宣布要吃七碗。

很多事跟政治一样，只能做，不能说。坏就坏在我扬言要吃七碗米糕，老板可能闻言即提高战备，送来的第三碗米糕忽然变得沉甸甸地，明显是用力压实过，分量陡增，又浇了许多卤汁，我必须一直喝饮料才能解渴。本来美妙的怀石米糕忽然变脸，咸得要命，一碗比一碗沉重，不祥的感觉袭上心头。勉强吃到第五碗，已经喝掉 1000ml 冰红茶。来不及了，过河卒子只能接受挑战，第六碗又比第五碗沉、咸，不行了，我想要投降；到了第七碗，天啊，老板加了半斤盐在卤汁里吗？

意识模糊中，我终于以无比坚定的意志克服七碗米糕。老板并未立刻放我走，他迅速添置了十几个空碗叠高在我面前，拿起相机猛按快门。后来那张照片被放大，贴在店门口以广招揽，照片很像悬赏通缉的罪犯，使我有好几年不敢靠近那一带。

米糕即油饭，差别是米糕有时未加作料拌炒；而装在筒模里炊熟的就是筒仔米糕，做法是筒模底先铺垫一块肉片或一层肉臊，或其他配料如卤蛋、笋干、蚵干、鱿鱼，再填进用香菇、肉丝、红葱酥、虾米拌炒过的糯米，送入蒸笼炊熟，可谓米糕、油饭的精致演出。

台湾的筒仔米糕从中部出发，尤以清水最出名，如今各地皆不乏美味的筒仔米糕，诸如花莲市的"周记"，台中市的"二郎"，大甲的"阿在"，大雅的"小半天"，清水的"王塔"、"阿财"……我常吃的筒仔米糕是清水的"王塔"和甘州街"呷二嘴"。

清水"王塔米糕店"是1933年王塔先生所创，铝筒内的米糕有精制的五花肉、蚵干、虾米的味道，那香味总是缠绵在嘴里，难分难舍。"王塔"不仅米糕赞，干面、卤蛋、肉羹清汤都好吃。吃一顿米糕的时间很短，客人却络绎于途，座位总被占满。我发现来吃王塔米糕者不少是外地客。从台北到清水车程一百多公里，为了吃这么赞的米糕，不远，不远。

"呷二嘴"已经是超过五十年的老字号了，原先在凉州街、甘州街口摆摊，2006年才有了自己的店面。他们将产品分为夏、冬两类，夏天卖米筛目、粉粿等冰品，冬天才卖筒仔米糕和自制的鱼丸、燕丸、贡丸，无论夏冬，产品都颇有口碑，令我惊讶的，是他家的猪血糕竟也十分美味。

"大桥头老牌筒仔米糕"近台北桥，"大桥头"招牌可能是被食客叫出来的，指桥下夜市那摊卖米糕的；此桥早年乃联络台北县市最重要的桥梁，夜市开发得早，知名小吃多。那米糕外围包裹着一片猪肉，上面附一小块卤蛋，并浇上肉臊。点食前，店家例先询问：偏肥或偏瘦？偏瘦是用胛心肉包裹米糕，偏肥则是以五花肉包裹。此店将甜酱、辣椒酱放在桌上，供食客自取。这才是正道，绝大部分的筒仔米糕在端给顾客前先浇淋一大坨甜辣酱，再抓香菜放上去，面对这种泡在红泥泞里的油饭，好像红沼泽上长出植物，我每每不知如何下箸。

浇淋甜辣酱委实是集体的坏习惯，因为米糕的口味已经很重，糊里糊涂就浇淋甜辣酱，徒然干扰米糕的本味，再加上香菜之味和米糕颇有扞格，实不宜勉强硬放在一起。

从前的筒仔米糕多以陶筒或竹筒作模子，现在则多用铁筒、铝筒。陶筒、竹筒的好处是透气，炊的过程可排出多余水汽，高雄桥头的"廖记"和台中市的"二郎"即使用陶筒。最糟糕的是"大桥头老牌筒仔米糕"，明明口味甚佳，却自暴自弃用塑料筒炊米糕。

米糕之美表现于一种油香，一种饱实感。其主角是糯米饭，绵密细软中需保留弹性，这很要紧——米糕之所以选用糯米是追求弹牙的口感，绝不能在炊煮食用的过程消灭那弹性。

米糕蒸熟前若未先调味，则肉臊是重要配角。已故前台北市市长游弥坚先生钟爱台南"矮仔文"的米糕，因为那锅陈年肉臊，加了干贝、海虾卤煮，味道特别鲜美。

吃米糕不免口渴，名店名摊都兼卖汤品，如"呷二嘴"自制的各式丸子汤都在水准之上。此外，大溪"百年油饭"配肉羹汤或龙骨髓汤，台中市"二郎"配冬瓜炖排骨汤，台南市"小南"配四神汤或虱目鱼汤，麻豆"德春"配鱼丸汤，高雄市"北港蔡"配蒸蛋汤、盐菜鸭汤或鱼环汤……"北港蔡"在我出生的盐埕埔卖米糕，最初每个 1 元，现在已经是每个 30 元。时光飞逝，物价的变化常令我感受到岁月催逼的压力。

王塔米糕店

地址：台中县清水镇北宁里中兴街 30 之 1 号

电话：(04) 2622–3299

营业时间：09:00–20:30

百年油饭

地址：桃园县大溪镇民权路 17 号

电话：(03) 388–1681

营业时间：11:00–20:00，周三店休

呷二嘴

地址：台北市甘州街 34 号

电话：(02) 2557–0780

营业时间：09:00–17:30

猪
血
糕

繪有厚載假的臺灣古
甲湯匙正面之秋田鏡

英国旅游网站 virtualtourist.com 评选全球十大最怪食物，台湾的猪血糕名列榜首，其后排名依序为：韩国活章鱼、乌干达炸蚱蜢、法国料理的鸽子、马来西亚榴莲、挪威鳕鱼干、澳大利亚蛾幼虫、越南蛇酒、意大利驴肉、南非鸵鸟肉。会觉得这十种食物很怪，自然是参与评选者少见多怪，不值得回应。

不过猪血糕之所以被视为十怪之首，大概是觉得猪血作为食物很可疑，他们不曾见识猪血汤，恐怕以为台湾到处是吸血鬼。

猪血糕又名米血糕，乃新鲜猪血加糯米炊制而成，不仅传统市场、超级市场皆有卖，几乎所有类型的火锅店也都备有此料。也有许多高级餐馆烹制成名菜，如连续两年获《饮食》杂志"餐馆评鉴"五星荣誉的台中市日华金典酒店"金园中餐厅"，其年度飨宴"金鸭宴"有一道主菜叫"锦绣珍珠落玉盘"，灵感即来自猪血糕，做法是将鸭血糕用汤匙挖成小球状，加入杏鲍菇丁，用三杯酱下火快炒后，再以九层塔来增色增香。由于是鸭宴，将猪血换成鸭血，道理一样。

有的猪血糕，更准确的名称应是"花生猪血糕"，盖此物多见于摊车，蒸熟后置于车上的笼屉内，取食时先插着竹签如冰棒，浸入蘸酱中，再滚上一层厚重的花生粉，并撒一点香菜叶。这样的猪血糕有别于火锅店的切成小块，而须切得大而薄，以便沾惹更多花生粉。它并非吸血鬼的主食，而是台湾寻常的风味小吃。

我猜想猪血糕源于台北市的屠宰场，可能就在昌吉街、兰州街一带，现在全台仍以台北较多见。昔年台北市北区的猪只屠宰场，猪血没有人要，穷则变通的台湾人遂提桶去接收，加入糯米中，调味、蒸煮而成，是制作简单、价格亲切的庶民小吃。

简单，是猪血糕的美感特征，也是生活的艺术，不矫饰，不包装，不过度加工，透露着一种质朴憨厚的美学气质，可当点心，可作菜肴，又可取代主食，是蓝领美食的典型之一。因此，吃猪血糕少了正经八百的身段，一支猪血糕在手，可以享受边走边吃的快感。有些东西边散步边吃，是很痛快的；吾人社会地位越高，吃东西时越拘谨越讲究礼仪，这种无形的枷锁，固然是不妨碍他人的观瞻，却也压抑了自己的乐趣。

坊间大部分的猪血糕多批自工厂，面貌模糊。东南亚戏院前的"小李猪血糕"则不依赖工厂，自己调配酱料，自己制作猪血糕，并切成菱形，那猪血糕从笼屉取出，蘸满花生粉交给顾客时，犹柔软地抖动着。

先决条件自然是猪血要新鲜，好吃的关键在于成品的口感柔软、香滑、饱含弹性和嚼劲。除了小李，犹有一些美味的猪血糕，诸如景美夜市"张阿姨猪血糕"、三峡老街"郑记古早味猪血糕"、莺歌"老街猪血糕"、南雅夜市"板桥第一家猪血糕"、德惠街167巷"德惠街猪血糕"和南机场夜市、迪化街70号门口的猪血糕……素食麻辣火锅店"以辣之名"的猪血糕，以海苔代替猪血，没有了血腥气，多了清香味，创意十足。

猪血糕可煮可蒸可卤可炸可炒可三杯，放进麻油鸡或姜母鸭汤中，更能显现不俗的身姿。

此物在麻油鸡或姜母鸭的高汤中，吸饱了特殊的油脂和香味，又融合了本身原有的味道。这跟入味不同，无以名之，我称之为"借味"：猪血糕制作时已调味，入锅前即拥有自己独特的味道，劲道十足的米酒头、爆过老姜的麻油都只是后来才参加演出，协奏原来的主调。

猪血糕启示我们：最有分量、最令人惊叹的菜肴，是凝练的菜肴，这种菜肴删掉了一切多余的东西，一切可以不出现的东西，只保留非出现不可的东西。这就是自然质朴。不过，烹饪的自然质朴美有些什么标志呢？

最近我四处考察客家菜，发现有几家标榜创新的餐馆推出凉拌蕨类，做法是蕨菜氽烫后，上面浇上大量的美乃滋，再覆以花生粉，有人甚至添撒许多彩色巧克力丝。料想厨师大概觉得蕨菜略具涩感，才会三八地用美乃滋修饰；这时候的美乃滋、巧克力丝是造作的装饰，像叠床架屋的形容词，喧嚣而鲁莽，徒然消灭了蕨菜原有的清爽，搞得不清不白。如此这般，弄得满嘴美乃滋，不如去喝猪油算了。我问餐馆为何这样污辱蕨菜？竟回答说点食率很高呀年轻人喜欢。

自然，就是合乎事物本来面目，是不浮夸、不矫饰的烹煮手段。质朴，就是精确、朴实的呈现。自然和质朴，就是正确明了、不靠摆饰、不靠吹嘘，看起来好像只是随意挥洒，就能够把深邃的味道、深沉的意思融合在恰如其分的菜肴当中。

我期待台湾的高厨，充分利用猪血糕，研发出更多佳肴美馔。

小李猪血糕

地址：台北市中正区罗斯福路 4 段 136 巷
　　　1 号之 3（东南亚戏院前）
电话：02-2368-3417
营业时间：16:30-23:30

张阿姨猪血糕

地址：台北市景文街 69 号
电话：0921-957393
营业时间：19:00-22:30

以辣之名

地址：台北市松山区南京东路 4 段 133 巷
　　　5 弄 4 号
电话：(02)2546-7118，2546-7119
营业时间：11:30-14:00，17:30-22:30

客饭

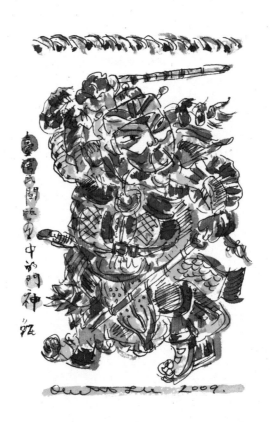

每当饥饿感特别强烈时，就渴望吃客饭。然而，客饭好像快要从现代的餐厅中消失了。

"客饭"是什么意思？从字面上看，"客"字显然并非是用来修饰"饭"的形容词，而是数词，即一客两客三客的客，乃论份出售的饭；一份客饭里包含了一道主菜，汤、白饭、茶水则任意取食。

从餐饮性质考察，还有两层意义。其一，从前单位食堂供应外来访客的饭菜。当年我刚到中国时报上班，报社按月发给员工伙食卡，没卡的访客则每人 15 元，大家拿着铁盘排队领菜。啊，好怀念报纸三大张的年代，没有那么多资讯垃圾，媒体的影响力深远，连餐厅的饭菜也不可思议地美味。

其二是餐厅供应包伙客人的饭菜。白先勇短篇小说《花桥荣记》里那些寅吃卯粮的小公务员，就都到小食堂包饭，包饭的多是李半城、秦癫子、卢先生这种"老光杆子"，有的一包好几年，甚至吃到最后一口饭为止。

客饭都有一种怀旧的表情。台北有几家卖客饭的小餐馆，招牌常跟"经济"牵扯在一起，强调价钱便宜，我数次听见客人结账离去时，满意地赞叹"好划算哦"、"好便宜哦"。

这种店多无菜单，菜色直接书于墙壁，店家提供纸笔，点菜时自己把菜名写在便条纸上。最典型的餐馆是仁爱路"忠南饭馆"和济南路"福园小馆"。台大附近的"峨嵋餐厅"、"重庆川菜"虽非正规客饭，却接近客饭的氛围，主要客群是台大教职员生，白饭以人计费，每人 10 元，附茶。

"忠南饭馆"免费供应饭、汤、茶，食客只要点菜即可。墙上书写几十道菜色，粗分 160 元、130 元、120 元三种价位，白饭有蓬莱米、在来米两种供食客自取，我很喜欢那三大桶白米饭，一打开即轰散蒸气，那饭香，令人法喜充满。我常点食的菜包括鱼汤、韭菜豆干、泡菜牛肉、回锅肉、豆瓣鱼、红烧狮子头、蹄花黄豆……蹄花黄豆除了覆于瓷瓮上的猪脚，大量的黄豆掺了些猪皮，豆香渗入猪脚，黄豆吸饱了猪脚和猪皮的油脂，软烂滑腴，香味绵密。猪脚加入黄豆一起卤，乃外省老兵带进来的烹饪手段，拓展了台湾卤猪脚的美学向度。

"福园小馆"标榜江浙菜，其实混搭了川菜、台菜、客家菜，真正的特色是经济客饭，我常点食的包括需预订的烟熏鲳鱼、蚝油

红蟳煲、绍兴醉鸡腿、酱爆蟹、炸小黄鱼、红烧划水、高丽菜炒腊肉、冲菜牛肉……此店严选螃蟹，膏黄饱满，色艳味鲜，远非等闲大饭店能比；冲菜牛肉冬天才有，制作冲菜的菜心烫过后，密封在罐子里自然发酵，带着浓烈的芥末味。可叹竟歇业了。

这类餐馆多是家庭式经营，布置通常简单得有点简陋，不讲究摆盘和装饰，展现朴素、耿直之美，生意相当兴隆。来光顾者多为熟客，我常见客气的老人家，面带笑容寒暄，仿佛跟店东成了老朋友。

我认为，客饭的"客"字，更暗含了"独在异乡为异客"的意思，客居吃食，不免思念着家乡味。谁的家乡？那是一种笼统的乡愁吧，说不准是怀念哪一个地方。大部分食客操外省口音；其实不管来自何省，在台湾生活了半世纪，乡音已改，如果他们返乡，听在家乡人的耳里，早已变成或轻或重的"台湾国语"。

客饭总是重油而不腻，偏咸的菜很下饭，滋味仿佛军营老士官长所炒的菜，也颇像眷村里的家常菜。

台湾的客饭带着离散话语，跟外省老兵有关。曾任军队伙夫的老兵退伍后，或开爿小餐厅营生或在餐馆掌勺，端出来的总是一些家乡味。

其实说不准什么菜系，似乎是江浙菜融合了川、湘口味，总之是各地外省家常菜杂烩一起，诸如蹄花黄豆属浙江菜，狮子头委实是扬州菜，回锅肉属川菜，炒腊肉无疑是湘菜，酸菜白肉火锅来自东北……这些菜抚慰了饥饿般的乡愁，召唤他们的集体记忆；即使后来易主经营，也换了人掌勺，浓油重酱的味道还是存在。

哈布瓦赫（Maurice Halbwachs）认为记忆是一种集体社会行

为，现实的社会组织或群体（如家庭、家族、国家、民族或一个公司、机关）都有其对应的集体记忆。我们的许多社会活动，经常是为了强调某些集体记忆，以强化某一群体的凝聚力。而集体记忆并非是天赋的，那是一个社会性的概念。当集体记忆在同质性团体中持续存在，并不断强化时，其实是作为团体成员的个人（individuals as group members）在记忆。一个社会里有多少不同的团体与制度，就会有多少不同的集体记忆。

当年随国民政府迁台的一百二十余万"外省人"，大约有一半是军人，这些军人相继退伍后，形成一个特殊的老兵群体，这个移民群体里的老兵通常都有着离散身世，都是齐美尔（Georg Simmel）所谓的"漂泊的异乡人"，进退失据，不免带着"落花相与恨，到地一无声"的苍凉。

如今，当年"外省人"的家乡味，已经内化为浓浓的台湾味。而在中国大陆的任何地方，都已找不到台湾客饭的滋味了。

忠南饭馆
地址：台北市仁爱路 3 段 88 号
预约电话：02-27061256
营业时间：11:00—14:00，17:00—20:30

峨嵋餐厅
地址：台北市罗斯福路 3 段 316 巷 8 弄 10 号
预约电话：02-23655157
营业时间：11:00—14:00，17:00—21:00

简餐

红冠不让鹅家俦儿碟钣

搬家后，常想念旧居木栅，除了想念郊区的居住环境，也想念乐尔咖啡屋。"乐尔"是我旧家芳邻，位于木栅路 3 段 48 巷 1 弄，这条短不逾五十米的巷弄还有红牛屋、御神怀石料理、蓝茵咖啡屋等名店，我的幺女周岁前已是"乐尔"的常客，并数度打翻餐桌上的盐罐、糖罐和胡椒罐，每当她坐着婴儿车出现，店家都如临大敌，迅速净空餐桌，并将玻璃杯换成塑料杯。我至今清楚记得"乐尔"好吃的梅子鸡腿饭、起司蛋糕、烤饼干，以及经营者夏国芬姊妹的笑容。

咖啡店设立的门槛低，开一间咖啡店遂成为许多人美丽的梦想，或创业的起点。台北街头随处可见咖啡店，密集的程度仿佛塞纳河左岸。本地咖啡店又常兼卖简餐，此乃台湾咖啡店的特色。然而只卖咖啡很容易，加卖餐点就很耗费心力。

简餐是套餐的简化，要快速供应用餐者，因而多是低成本、耐加热的食物，同质性颇高，大抵可略分为异国料理和家常菜，前者常见的诸如牛排、鱼排、咖喱鸡、意大利面、三明治；后者像红烧牛腩、三杯鸡、宫保鸡丁等等。

遗憾的是，一般咖啡店卖的简餐很随便，随便买一些调理包丢进微波炉加热。他们乱搞，我们竟也瞎吃，使简餐这种充满台湾精神的餐饮文化不能长进。

简餐中的"简"是简化的套餐，不应是随便、草率的意思。我心目中的好简餐应具鲜明的个性，除了一杯无可挑剔的好咖啡，也绝不能忽略餐点。限于规模，简餐的种类必不可能太多，亦不必多，即使仅提供三两样拿手菜色，务必追求赏心悦目，或表现美味佳肴，或强调健康养生，或用心计较餐饮情境，或以廉价招揽，总之不可因循怠惰。

"中央大学"缺乏美食，据我十多年考察，方圆三公里，仅"田园美食屋"和"全家福客家菜馆"值得信赖。尤其前者，是一家只卖简餐的小餐馆，顾客大部分是学生，价格相当低廉。

虽然学生是主要客群，郭老板夫妇仍以狮子搏象的态度备料、烹煮，一丝不苟，餐厅也打理得相当洁净。由于店家的坚持，开业四年来已是近悦远来，每到用餐时间，门外总有排队等位的人。

"田园美食屋"所提供的大抵为家常菜，都很美味，我较常吃红烧牛肉面和猪排饭。那牛肉面，依我看，委实是全台湾最好的牛肉面之一，从汤、面到肉，都是耐心仔细烹制的珍品。猪排有煎、炸两种，都将肉香肉味表现得无懈可击。

套餐除了主菜之外，另附蔬菜、煎豆腐、汤、饮料，蔬菜中我最常吃高丽菜炒蛋，汤则是鱼丸汤。这种简餐家常到很不起眼，几乎令人不屑一顾。然而，一切美好的事物往往是质朴的。质朴，不仅仅是一种美学观，也是一种饮食美的本质。从饮食的角度来看，所谓质朴美，就是平易自然，即使修饰也要修到让人家看不出来斧凿的痕迹，呈现一种家常的真实美。

就以那碗白饭来讲，米饭煮得极用心，粒粒晶莹弹牙又饱含米香，饭上搁了三条渍萝卜，亦渍得很讲究，和白米饭、黑芝麻合奏出美味。连煎豆腐亦十分讲究：裹蛋液用葱花细煎而成。

一个好厨师，必须使他的菜肴给人纯朴的印象，而不是矫揉造作。纯朴是有说服力的，而矫揉造作则适得其反。这种纯朴美不是低级动作，反而是高级动作。如果菜肴太花俏、堆砌、铺张浮夸，其意旨一定会不清不楚，根本谈不上美感。

"向日葵花园餐厅"是另一家我心仪的简餐馆，这间小餐馆开立于 1990 年，特色是供应葡萄酒，室内最醒目的是一排酒架和琳琅的酒款；户外布置了一个迷你的欧式庭院和露天咖啡座，似乎显示里面是融合法、意、德式的欧陆料理，料理大抵都很美味。我喜欢约朋友在这里小酌，有时吃些牛排、煎鲑鱼、红酒烩鸡、羊排、鹅肝酱卷、熏鸭胸肉……从前菜、主菜到甜点，多做得很专业。无论白天或夜晚，在这里，时光的脚步好像慢了下来，生活忽然悠闲了。

田园美食屋

地址：中坜市中央路 216 巷 8–1 号
　　　（"中央大学"后门）
电话：(03) 420–3115
营业时间：12:00–14:00，17:00–20:00

向日葵花园餐厅

地址：台北市和平东路 1 段 141 巷 7 号之 2
电话：(02) 2391–9722
营业时间：11:30–01:00

台式日本料理

生活中常常有一股内在驱力，驱使我去觅食日本料理，这种吃食欲望非常即兴，每隔一段时间就会冒出来。我钟爱日本料理，爱它敬重天地、疼惜自然，它比世界各国的料理都要尊重食材的原味，因而无论刀工、调味、烹煮都追求清淡。

清淡是一种举重若轻的美学，日益影响当今的饮膳观念。日本统治过台湾半世纪，料理上的某些习惯和手段，台湾人选择性地将其内化为饮食生活，甚至演变成混血台菜。明显的例子是大街小巷很寻常的平价日本料理。

这种店不像怀石料理那么昂贵，那样行礼如仪，而是生猛有力，带着浓浓的台客味，无以名之，暂曰"台式日本料理"。它们的生鱼片不会出现紫苏叶，通常是铺垫着白萝卜丝；也鲜少用新鲜的山葵研磨，而是以芥末酱取代，芥末酱混溶在酱油中，食客整片蘸满，吃法很豪迈。

我想象贫穷的时代，贫穷有贫穷的变通，沿袭日久，日本料理在台湾遂发展出一种独特的庶民性格——缺乏一丝不苟的态度，也毫无正统日本料理的拘谨，上菜节奏、餐具和菜肴的形式更显随便。这种店多有一种老绅士的气息：可能受过日本教育，言谈一丝不苟，自我意识到底高人一等。

南京西路"第一寿司屋"已有五十三年历史，堪称平价，我偏爱此店的关东煮、鳗鱼饭、蛋包饭和生鱼片、握寿司。关东煮里的白萝卜、蒟蒻、高丽菜卷、油豆腐、米血糕和鱼浆类制品都是我常吃的食物。

从食物到侍者，都透露着浓浓的台湾本土味——几乎没有装潢，料理较粗枝大叶。例如我常吃的蛋包饭，有时一盘蛋包饭可能出现一两粒未炒到番茄酱的白米粒，不协调地横在蛋皮旁。

我在日本吃的生鱼片都很薄，薄得几近透明，可这里好像信奉硕大美学，生鱼片多切得很厚。桌上摆了一瓶龟甲万酱油供食客取用，生鱼片有一定的表现，鲜度、甜度都可圈可点，可惜还是无紫苏叶搭配。没有紫苏叶的生鱼片，仿佛没有爱情的青春。

最具特色的可能是握寿司，醋饭松中带着扎实感；鱼新鲜，上面已淋上带甜味的酱油膏。如今握寿司风靡全球，台湾味独树简约风格，迥异于俄罗斯、西班牙、印度、法国寿司。制作握寿司要快，要轻，以免手温影响食材，或挤压过度而败坏口感。从前我看日本漫画《将太的寿司》，馋涎满溢，不能自已，常常饿狼般惶遽地寻觅握寿司。现在我的幺女酷爱握寿司，可能跟当年这本漫画有关。日本这类饮食漫画如《筑地鱼河岸三代目》《料理仙姬》《神之雨下》……剧情编得很动人，制作多十分严谨，初学者阅读甚至可增进常识。

西门町"美观园"创立已六十一年，乃大众化日式料理的代表，老台北人的厝边[1]。后来生意兴隆，遂在对面开了分店，两栋三层楼的卖场使它在风格上很像量贩店[2]。这种量贩性格不仅表现于外观，也形诸内涵。一甲子以前，"美观园"卖生啤酒、生鱼酢饭、炸猪排、咖喱饭、蛋包饭、关东煮；现在客群更广、菜色更多，举凡生、炸、煮、烤、饭面一应俱全。

一般日本料理店多习惯搭配清酒，"美观园"却以生啤酒闻名，创立之初在西门圆环摆摊，那块店招"生啤酒"三个字远大于店名，

---

[1] 厝边，闽南语中的邻居、乡邻的意思。

[2] 量贩店（Variety Store）是指"大量批发的超市"。"量贩"一词语出日本，原有超市、自选自助之意。

他们太会卖啤酒了，卖到让公卖局来表扬。生啤酒几乎成了另一种招牌，老顾客来这里用餐，多会喝点生啤酒，特别是1800ml的"天王杯"，很生猛的路边海产摊风格，喧闹的氛围，带着卡拉OK的性格。

从前台北人到西门町看电影，在"美观园"吃饭曾经是一种高尚的生活格调。

不过很多台式日本料理店的炸排骨颇为恐怖，那肉排总是炸得太老太柴，调味又太重，再入锅卤制，使面衣如糊，难以下咽。

"第一寿司屋"的炸猪排所裹的面包粉较细，使外皮显得薄；可惜它仍然太依赖美乃滋，不仅炸猪排、龙虾、明虾，甚至生菜沙拉里面都是一大坨。

我不得不指出，日式猪排最好用平底锅炸，而且不可放太多油，这点跟台式炸排骨用大油锅迥异。猪排一定要先拍打，将筋打碎。面衣直接关系炸猪排的优劣，台客版炸猪排常习惯裹上一层厚面衣，不免遮掩了肉香。台中金典酒店主厨进藤显司的做法是先裹上一层薄玉米粉，均匀沾上蛋液，再裹一层薄薄的起司粉和面包粉，不妨参考。

万华"三十三间堂"是另一种形式的台客版日式料理。日本京都有一家观音庙古迹，叫"三十三间堂"，因堂内有三十三个柱间，故名。台北这家"三十三间堂"不是观音庙，只是挪用这日本名字作为日本料理店。虽曰日本料理店，却已然彻底台湾化，并不像日本料理，应称为日式台菜。此店没有菜单，以当令食材上菜，收费较高。

"三十三间堂"予我高级日本料理播放偶像团体流行歌的感觉。老板娘总是喜欢和各桌客人聊天，有点口无遮拦。我每次在里面用餐，不时听见她开朗、粗俗的吆喝声和说笑声，有时还会嗔骂客人，乍看像人来疯，其实不然；那是一种表演，一个熟女周旋在众

這是早期台灣較為普遍的茶酒啤酒已裝入酒瓶裝啤酒

熟男之间的味道。

我独自用餐又时间紧迫，喜食天丼（炸虾盖饭），可惜这类店的炸虾多很逊，令人泄气，只好改吃鳗鱼饭。"丼"音洞，原意是形容石头落井声，现在特指放食物的宽口容器，"丼饭"即盖饭。

盖饭本来就特具庶民性格，日本诗人长田弘有一首诗《天丼的吃法》，强调炸虾盖饭最要紧的是酱汁，并以演员为喻，说它不是名演员的食物，而是龙套角色的吃食：

我不梦想当名演员。／只要跑龙套吃炸虾盖饭。／每天重复做同样的工作，／然后死去，休息。／伯父喜欢炸虾盖饭直到死去。／伯父的人生连尾巴都没剩下来。（名題の夢なんかいらない。／おれは馬の足に天丼でいい。／毎日おなじことをして働いて，／そして死んで，ゆつくり休むさ。／死ぬまで天丼の好きだつた伯父さん。／伯父さんは尻尾だけ人生をのこしたりしなかつた。）

有些属于记忆的老餐馆，令许多深情于曩昔岁月者犹钟情于它，像台式日本料理，从来也不花哨，只在乎端出来的东西。我越来越相信，美好的食物都带着老实的本质。

第一寿司屋
地址：台北市南京西路 302 巷 9 号
电话：(02) 2558-1450
营业时间：11:30-15:00，17:00-21:00

美观园
地址：台北市峨嵋街 36 号，及 47 号
电话：(02) 2331-7000，2331-6177
　　　2331-0377，2361-8777
营业时间：11:00-21:00

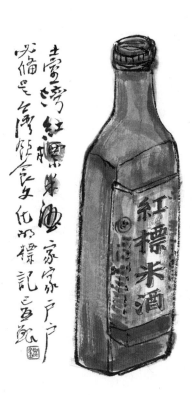

臺灣紅標米酒，家家戶戶必備之，是臺灣飲食文化的標記，紅標米酒

姜母鴨

有一次，女儿看到路边"姜母鸭"的招牌，疑惑地问我："为什么一定要用母鸭？不用公鸭？"我说这块招牌要用闽南语发音，姜母的"母"是形容词，老的意思，无关鸭子的性别。

姜母鸭最初连接了台湾人的"补冬"、"转骨"观念，咸信它能舒筋畅脉，祛寒暖胃补气血，乃冬日寻常的美味。

从前的台湾社会有一个迷信：女子不能吃姜母鸭，否则皮肤的毛细孔会像鸭的羽毛般粗大。这种谣言一定是贪婪又小气的男人杜撰出来的，面对美食，竟深恐自己的老婆和姊妹来分享。

此物源自汉人的食补文化，流行于台湾的街头，不过是近二三十年的事。食补意识在台湾根深蒂固，为了延年益寿或养胃健脾，被视为奇珍异馔的野生动物遂进入药膳名单，甚至许多小吃也带着食补观念；为了止泻固精，姜母鸭里有了鸭睾丸。

姜母鸭最要紧的是那锅汤——先以黑麻油翻炒老姜和鸭肉至熟，再用米酒和中药材熬煮。中药材其实是可有可无的龙套，主角自然是鸭肉块，以"红面番鸭"为尊，此鸭体型大，肉质丰厚，耐炖煮；酒和麻油又令它久煮不柴，且越煮越香越甜。

这种专卖店，往往不需要招牌；若有招牌，命名多带着草莽气，如"霸王"、"霸味"、"帝王食补"、"君王"、"皇宫"、"至尊"……虽然命名力争尊贵，却是市井吃食。

我最常吃的是"帝王食补"和"霸味"。这些店从来没有高雅细致的装潢，通常是简陋的吃食环境，闹哄哄的，带着浓浓的野性。因此，若巧遇周到一点的服务员，要懂得感恩。我常见食客频频起身，寻找餐具、湿纸巾、面纸，或酱油、辣椒、豆腐乳酱，大家都不以为忤，常嘴角流油，边走边嚼食鸭肉。

三重的"霸味姜母鸭"老店可能是生意最兴隆的姜母鸭专卖店，连着的三间店面还不够，桌椅摆到了人行道上，蔚为壮观；此外还开了不少分店。在台湾，生意太好的饮食店，服务员多板着一张脸，很不耐烦顾客频频上门，好像这些不断进来的顾客都是来赊账或乞食的。

　　有一晚，服务员将碗碟匙筷丢在我桌上，可能丢的力道过大或准头不对，那根铁汤匙顺势掉到地上；他回头，好像埋怨我没立即接住，捡起汤匙愤而离去，不再理会我。没有了舀汤捞鸭肉的工具，我只好自力更生，到处寻找汤匙。

　　此店使用炭火和陶炉煮鸭，刚升火时，煤炭的火星不免随煤烟四处飘升，我一边闪躲火星，一边想到近年来台湾有些不幸的家庭烧炭自杀，恰巧竟看见墙壁上贴着一张告示："本店已为顾客向富邦保险投保2400万，请顾客安心食用。"我不知道保险的具体内容，也不明白要安心什么，食物吗？还是煤烟或火星？天幸贱躯顽强，终于安全吃完姜母鸭。

　　姜母鸭的吃法类似火锅，可边吃边续料。不仅鸭肉，鸭肝、鸭心也都很好吃。豆皮、鸭血糕、菇蕈类也都能丰富那汤锅的内容。不吃白饭时，不妨吃一份麻油拌面线。

　　高丽菜是美妙的搭配，有时我们太专心吃鸭，忘记了高丽菜这配角，它却不自暴自弃，一面释放自己的甘甜，一面吸收汤汁的精华，即使煮烂了亦有另一番风味。茼蒿虽然味美，却不耐煮，须掌握烫煮的时间。

　　吃姜母鸭别怕米酒，那锅麻油炒香的老姜鸭肉汤，需要米酒的陪衬才能彰显出特殊的香醇和甘美，怕酒的人不妨请店家只注入半瓶，并将酒精烧至挥发。从前一只红面番鸭要用五瓶红标米酒去煮，红标米酒大幅涨价后，店家只好采用其他米酒取代，姜母鸭的风味因此大逊，这真是台湾饮食史上的一场灾难。

遗憾的是，所有的姜母鸭店都在夜间营业，而且生意是越晚越旺。我纳闷姜母鸭只能当晚餐或宵夜吗？中午吃不好吗？姜母鸭这种食物一不小心就会吃太多，实在不适合夜里吃——人体到了夜晚，循环代谢较为缓慢，此时暴食姜母鸭，不免增加了身体的负担。像我这种半百老翁，就受害匪浅。

台湾人爱吃鸭，而且多是吃煮姜母鸭。姜母鸭已成为台湾特有的庶民文化，其工艺、食材都简单而质朴，自我表述着多元意义，生猛，又略带嘉年华式的愉悦，二三十年来一直型塑着我们的集体记忆。

这年头我们很强调主体性，历史的主体性，语言的主体性，文化的主体性，这个主体性那个主体性，一直虚构着并改写着漂浮不定的主体性。我却在一锅姜母鸭中认同了台湾的主体性。或许，我爱上的不仅是食物，更是一种深度，一种活跃的庶民文化。

霸味
地址：台北县三重市重阳路 1 段 98 号
电话：02-29877904
营业时间：17:00-02:00

帝王食补
地址：台北县板桥市长江路 3 段 132 号
电话：02-22530360
营业时间：16:00-04:00

菜尾汤

有著
郑红
偏本形
红色
桌中的
席上
瓣桌
我看
到
臺湾
人们爱吃
好吃會甜和含
吃豆瓣 國

菜尾是闽南语，意谓吃剩的菜肴。台湾的菜尾汤又名杂菜汤，源自"办桌"，从前请人外烩，筵席结束后，主人会将全部剩菜倒入大桶中。在贫穷的年代，那些宾客没吃完的剩菜不会拿去喂猪，而是分装在塑料袋里，私下送给亲朋邻舍，带回家烩煮，竟馐富滋味。我小时候最喜欢吃"菜尾"，好像里面什么都有，特别下饭，运气好还能捞到珍贵的鱼翅、干贝等食物。

菜尾汤即杂菜汤，有一种特殊味道，老台湾的味道，性质接近"佛跳墙"，都是广纳多种熟食再加以烩煮，杂味纷陈又融为一体；不过菜尾汤却相对清淡多了，不似佛跳墙那么浓稠厚重。

怀旧也可以成为流行的符号，一些人就颇爱消费旧时风情，像仿古器皿和农村摆设，食物像猪油拌饭。如今，菜尾汤也能在网上订购。从前宴客的剩肴残羹，不免略带发酵的酸味；现在刻意烹煮的菜尾汤，用酸菜取代酸味，卫生多了。

自制菜尾汤不妨以"白菜卤"作基本锅底，先用猪大骨熬汤，煮上白菜、香菇、虾米、鳊鱼、猪肉和大蒜、油葱，再加入酸菜、猪肚，差不多就已经接近菜尾汤的风味了；若再加上干贝、虾仁、木耳、白萝卜、金针菇、花枝、鹌鹑蛋、鸭肉、肉羹、排骨、笋，令这些食物共治一炉，互相阐发，肯定是丰盛的美味。

台中市好像特别热衷于菜尾汤，诸如丰乐里"树德山庄"、忠明南路"三嘴卤"、美术馆绿园道"牡丹亭"、美满街"迷你美食店"的菜尾汤，都是店家的招牌名肴。"三嘴卤"红砖屋前摆置着一辆旧脚踏车和朱红牛车，店内是从前小学教室的课桌椅、老缝纫机，表现为詹明信所谓的"对当下的怀旧"（nostalgia for the present），透过食物来捕捉一去不返的从前。

"树德山庄"是最典型的例子，晚餐一直卖到凌晨二时。一天去台中考察餐馆，黄昏时约邱贵芬、徐照华、陈宪仁在这里聚餐，天色很快就暗了，晚风吹着吹着吹拂稻浪吹拂夏天的汗衣，忽然就凉爽了。

　　这是闽式三合院土埆厝[1]，占地 1200 多坪，建于 1907 年，主人是日据时代的里长（保正）；建筑大抵保持原貌，正门牌楼亦是百年前的样子，在夕阳下显出斑驳的光芒。这种土埆厝的建材是混合当地的泥土和稻壳，再晒干、切块，具有冬暖夏凉的优点。现在，山庄传到何瑞斌先生已是第四代，这位掌门人挪出一半祖厝，转变成了餐馆。

　　山庄虽然在台中市，却坐落于田野小道旁，门口即是农田，一派都市里的田园风情；里面有农场和水池，种植各种蔬果并饲养多种牲畜和水产，像一座城堡，能自给自足。这种名副其实的古厝，丝毫不必装模作样就弥漫着一种古老的氛围，屋内所摆设的旧器物全是祖先留下的：灯笼、日据时代的皮座椅和脚踏车、泛黄的照片、犁具、打壳机、龟印、红眠床、梳妆台、挂钟、斗笠、蓑衣……墙上吊挂着木板和筛网，没什么规则和设计感，就是用历代相传的东西，拼贴了一大堆怀旧符号。

　　"树德山庄"卖的多是台湾早年的农家菜。山庄门口立了一块告示牌，用闽南语表明"做食时间下埔[2]"、"休困时间半暝"几点，"订桌番号"多少，十足的台味，呼应了所提供的菜肴。

　　来这里吃饭，不宜错过当季野菜，山庄里的野菜有三十几种，

---

[1]　"厝"在闽南语中是"房屋"的意思；"土埆厝"是台湾传统的建筑形式，是用泥土堆叠的房屋，已不多见。

[2]　"下埔"以及后文的"半暝"、"番号"，分别是闽南语"下午"、"半夜"、"号码"之意。

如刺葱、昭和草（山茼蒿）、过沟菜蕨（过猫）、龙葵（乌甜仔菜）、马齿苋（宝钏菜、猪母草）、地瓜叶、日本香菜等等。最出名的招牌菜"树德古味菜尾"，几乎每一桌必点，里面有鱼板、虾、贡丸、排骨酥、散翅、笋丝、猪肉片……此外，用刺葱凉拌豆腐或油炸，香味特殊。"鱿鱼蒜"和"陈年老菜脯鸡"亦是台味十足的佳肴，后者用十五年的陈年老菜脯，与蒜头、蛤蜊共炖，在汤内一起展现陈香和鲜香。

台中"牡丹亭"位于美术馆绿园道，有得天独厚的外在环境。建筑物四周皆是透明落地玻璃，室内则以粉红色系为主调。其"台式菜尾锅"内容丰富，有鹌鹑蛋、金针菇、猪皮、豆皮、粉丝、虾、芹菜、排骨、鱿鱼、笋丝、萝卜、芋头、鲨鱼皮、蟹肉棒、鸡心、虾米、白菜、咸菜。其中的酸笋和咸菜使味道偏酸，这道菜介乎火锅、佛跳墙之间。

"元园廖妈妈的店"是台中出名的客家餐馆，"客家菜尾"内有白萝卜、笋干、咸菜、排骨，味道也偏酸，稍显油腻，在菜尾汤中算是相当简单的类型。

高雄市"赤崁担仔面"也卖菜尾汤——自然不是到处收集人家没吃完的剩菜回锅烹煮，而是用猪油爆香虾米、鳊鱼、蒜头，再烩煮排骨、竹笋、金针、香菇、大白菜，模拟古早的滋味。

台南"阿美饭店"的砂锅鸭也带着菜尾的滋味，一锅一锅地卖，里面除了一只老母鸭，另配有金针、鹌鹑蛋、豆腐、鱼丸、白菜、鳊鱼、秀珍菇，以猪骨高汤为底，文火慢炖三小时，至鸭肉软烂。我认为，那滋味绝佳的砂锅鸭，美丽了民权路，也是台南市重要的风景。

菜尾汤带着浓厚的即兴成分。台式宴席菜不外乎炖鸡、烧鱼、肚片汤、佛跳墙、清蒸虾蟹等等，有经验的人会先准备锅盆，将刚撤离餐桌的好料捡选入自备的容器里。我结婚时在高雄"办桌"，喜宴未结束，帮忙的亲朋已开始分发塑料袋给宾客，或打包菜肴，或自取菜尾，害我不知是该继续坐着吃饭，还是应该立刻站起来送客。

上海自古有类似菜尾汤者，叫"剩落羹"，徐珂《清稗类钞》记载，此羹乃上海乞丐的美食："食客既果腹而行，其席次所余之羹肴，餐馆役人往往从而检之，杂投于釜，加以烹饪，而置之碗中以出售，曰剩落羹，与食肆中所售之全家福、什锦菜略相等，每碗仅售十钱，亦自为乞丐所易得者也。而此羹有时尚有零星之燕菜、鱼翅在其中焉。吾恐中流社会之人，或有终身不得一尝，而将自悔其不为丐矣。"当时收入较少的乞丐，每天还可以得到一百多钱，区区十钱，就可以吃到菜尾汤，日子真好过。

菜尾汤十味杂陈，带着大锅菜的况味，表现为一种混搭美学。

阿美饭店
地址：台南市民权路 2 段 98 号
电话：06-2264706
营业时间：10:00-21:00

牡丹亭
地址：台中市西区五权西三街 37 号
电话：04-23755559
营业时间：10:30-22:00

树德山庄
地址：台中市南屯区丰乐里枫乐巷 7 号
电话：04-23823861
营业时间：17:00-02:00

元园廖妈妈的店
地址：台中市文心路 3 段 205 号
电话：04-22960667
营业时间：11:00-14:00，17:00-22:00

羊肉炉

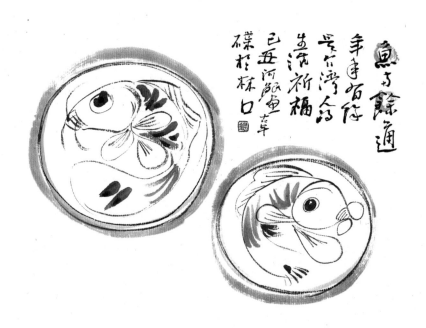

魚子餘通

年年有餘

吳台灣人多

生活祈福

己丑河姆童草

碟拓林口

羊易于养殖、生长又快，地球上不吃羊肉的风俗又远比不吃猪肉、牛肉者少，因此羊普遍为人类所钟爱。

中国北方吃羊肉以涮肉片为主，从食材、刀工到作料，无一不精，非但切出来的肉片须其薄如纸、颜色透明，还得选用不腥不膻的"西口大尾巴肥羊"，唐鲁孙说羊贩"一过立夏就把羊群赶到张家口的赐儿山歇伏，那里林壑幽深，流泉漱玉，碧草如茵，修柯戛云，羊群在水欢草肥的环境里，自夏徂秋只只养得又肥又壮，牧羊贩子把羊群一拨一拨地赶下山来，一站一站地往北平赶，等到了西直门外，据说还要圈个三五天，让羊群喝足了玉泉山流到高亮桥的泉水，再赶进城来宰杀"。

台湾人也吃涮羊肉，却无法这么讲究，将羊肉细分为十几种部位，诸如"黄瓜条"、上脑、下脑、磨裆、三叉儿、肚条、软里脊……台湾的进口羊肉都被冻得瓷实，再用机器刨出，成为卷筒羊肉。然而也无须自卑，我们发明了"羊肉炉"。

涮羊肉与羊肉炉的主要差别在于，前者将肉往薄里片，要吃的时候才入锅涮熟；后者用肉块炖煮。其次是汤底，前者秉火锅工艺；后者是加中药材炖补，多熬煮数小时。台湾只有溪湖的羊肉炉将肉切薄，接近北方的涮羊肉。

熬汤底的中药材常多达数十种，故每家名店都有独门秘方，风味殊异。这些中药材不外乎当归、党参、枸杞、川芎、黄芪、熟地、陈皮、黑枣、红枣、甘草、桂枝、肉桂子、淮山……另外不可或缺的是蒜头、老姜、葱、米酒。至于肉块，先用麻油、老姜爆炒，以增添香味和紧实度，再和大骨一起炖煮。

羊肉炉是台湾很普遍的庶民补品，到处都有，诸如基隆"吴家"，永和"小德张"，新庄"羊城林"，竹南"越式"，彰化"阿本"，溪湖"阿枝"，斗南"日日兴"，阿莲"满福土产"，冈山"明德"、"源座"，高雄"水源"……连绿岛也有"东升"、"福记"这款好炉。

每家店都各擅胜场，一般皆选用本土羔羊，不过桃园市"来来正港现宰羊肉"却标榜选用两岁成羊，谓其肉质成熟稳定，并每天从北港运来活羊，完全不加冰冻。温体宰杀，几乎是羊肉炉的美学共识，"'重'炭烧火炭羊肉炉"扬弃冷冻羊肉，特色是不用大锅熬汤底，个别用小瓮烧制；将温体生羊肉、大骨、中药材装入瓮内，再加米酒浸泡数小时，用炭火熬煮近一小时，汤头香醇，肉质鲜嫩，嫩中带劲。

"阿里不达"的内容丰富，炉内有苹果、番茄和大量蔬菜，令汤头分外甘甜。有趣的是店家强调采用太监羊——选用公羊是正确的，盖母羊难免腥膻；但我不能轻信阉割的公羊会比不阉割的美味。

传统羊肉炉多使用陶锅，我家附近的"莫宰羊"却用铁锅和煤气，羊肉是来自新西兰、澳大利亚的冷冻品，调味尚可，但炊具和肉品都相对逊色；不过此店有一独家口味：将吸管插入羊骨之中，吸吮肥嫩奇香的骨髓。

吃来吃去，我还是偏爱"金吉林家"的羊肉炉，这家店生意兴旺，每天下午七点以后，两间店面一定挤得满满的，如果不想站在寒风中苦等，最好店一开门就来抢位子。可选择与羊肉炉搭配的有姜丝、菜心、菜头、苦瓜、芦笋、蒜头、冬瓜、竹笋，和新近推出的烧酒羊。我尤其喜欢菜心羊，菜心的清甜和羊肉的香腴，再加一点枸杞、姜丝、蛤蜊在里面沸滚，合奏出不可思议的美味。

店家标榜选用的是土产阉羊，当天现宰现卖。据说活羊购买回来后，继续放养两三个月，让羊只充分运动，肉质会更结实。这一点，我倒是半信半疑，又不举办禽畜运动会，肉味鲜美与否，并非依靠一生的运动量。

可能源自冬令食补的观念，绝大部分羊肉炉习惯加进中药材或药酒，"林家"却不来这一套，而是用羊骨熬制高汤底，让汤中充满肉质香，再让蔬菜、蛤蜊和羊肉共混一炉，使那锅羊肉炉清、鲜、甜，入口带着余韵，展现脱俗的风采，让人一眼就爱上它，一口就难分难舍。煮在羊肉炉里的是带皮羊肉，有着稍韧的口感，相当弹牙。来吃的人多会加点一份生肉片（腰内肉所片，新台币700元，确实有点贵），涮着吃，水嫩鲜甜。一下子吃韧肉，忽然尝嫩肉，形成吃羊肉炉的主题变奏。

我曾经在罗马街头，随便走进一间小教堂，竟然在里面看到米开朗基罗的作品，不期而遇的感动，使眼泪忽然夺眶而出。我何其有幸，能居住在这城市，随时吃得到这么美的菜心羊，每次看芥菜心和羊肉在滚汤中翻腾，感动得必须忍住眼泪。

"林家"已经是搞羊专家，羊肉炉靓得不得了，卤味也很棒。我特别爱吃卤羊脚，滋味胜过优质的卤猪脚。此外还可以或烫或炒羊尾、羊鞭、羊心、羊肝。不过羊肉好吃，却不供应白饭，未免遗憾。白饭除了能体贴嗜米食的顾客，也是让味觉归零的重要主食，可以立刻纾解饥饿感；此外，当我们吃了那么多羊肉蘸腐乳汁，亟需让味蕾喘息，再重新出发，尝试别款食物他种味道，例如吃完烫羊心，想尝卤羊腱，这时吃一口白饭就能拭去先前留在舌头上的味道。呆子才会整餐只吃羊肉。

"林家"只卖麻油面线。这就不对了，卖白饭的利润虽薄，却不可不备。如果嫌它没赚头，卖贵一点就妥当了，岂可完全不卖？何况，他们的面线相当一般，不值得大惊小怪。

　　一锅好羊肉炉总是令人赞美冬天。中医的观点认为，羊肉味甘而大热，性属火，食后可补中益气，安心止惊，开胃健体。体验羊肉炉，宜在热闹滚滚的情境，以呼呼寒风为背景音乐。

金吉林家养生蔬菜羊

地址：台北市吉林路 327 号
电话：(02)2592-5174
营业时间：17:00—04:00

"重"炭烧火炭羊肉炉

地址：台北市民权东路 2 段 135 巷 31 号
电话：(02)2503-6213
营业时间：16:00—01:00

阿里不达太监羊肉炉

地址：台北市忠孝东路 5 段 558 号
电话：(02)2346-5868
营业时间：11:30—01:00

莫宰羊

地址：台北市新生南路 3 段 28 号
电话：(02)2369-1466
营业时间：11:00—14:00，17:00—01:00

猪血汤

路边小吃
即景
己丑秋

我在金门服役时，曾参与花岗岩医院工事，这座地底医院的工程非常艰难，几乎挖空了一座花岗山。有一段日子，我们天天拿铁锹走进爆破后的坑道，在石屑烟雾中凿掘。

营长施恩般请伙房煮了一大锅猪血汤赏给士兵吃，集合部队训话："吃猪血可以清肺。"那时候我就明白了，高高在上的人都很会胡扯。部队杀猪，他们吃猪肉，猪血倒掉又觉得可惜，就用来安慰一下士兵，却无助于每天被花岗石粉折磨的肺脏；不然，何以从不跟我们走进坑道，再出来吃猪血？

猪血清肺，恐怕只是民间传闻。明代李时珍编纂的《本草纲目》只说它的气味"咸，平，无毒"，主治"生血，疗贲豚暴气，及海外瘴气"，并无只字说猪血有益肺脏。

倒是孙中山先生在《孙文学说·行易知难》中大赞猪血："含铁质独多，为补身之无上品。凡病后、产后及一切血薄症之人，往时多以化炼之铁剂治之者，今皆用猪血以治之矣。盖猪血所含之铁，为有机体之铁，较之无机体之炼化铁剂，尤为适宜人之身体。故猪血之为食品，有病之人食之固可以补身，而无病之人食之亦可以益体。而中国人食之，不特不为粗恶野蛮，且极合于科学卫生也。"以一个医学家的口吻，说西方人起初鄙夷中国人吃猪血，现代医学却证实此物的疗效。孙中山是伟大的革命家，他从政治战略的高度，比较中西饮食文化，并纳入"三民主义"、"建国方略"的思想体系。我很纳闷，过去大专联招考三民主义，从来不见这方面的试题，那么多年来的出题委员都是猪脑袋啊？

猪血汤是创意十足的台湾庶民小吃，猪血色泽红润，柔软，细致，再巧妙调味，成为风味美食，迥异于吸血鬼的饮料。

别小觑这碗猪血汤，要煮成美食不那么容易。全台湾到处有人卖猪血汤，能说服吾人肠胃的却不多见。好吃的猪血汤第一要素是猪血必须很新鲜，其次是熬煮汤头，以及配料、调味。

昌吉街有两家猪血汤专卖店，"猪屠口昌吉街猪血汤"和"呷巴霸猪血汤"，两家对门而立。现实非常残酷，前者是门庭若市，后者却门可罗雀。

"猪屠口昌吉街猪血汤"标榜自家的猪血是"特制天然红豆腐"，后五个字做得比店招还醒目，显得自信满满，透露出猪血柔嫩至极、柔嫩中带着弹劲的讯息，汤头以大骨熬煮，再加沙茶及自制酱料调味。那韭菜与猪血汤真是绝配，不晓得最初是谁的创意？真是贡献卓著。韭菜和酸菜有提味、去腥之效，加上大骨熬制的高汤助兴，立即将猪血提升至美学高度。

调味台上有酱油膏、甜辣酱、蒜泥、韭菜酱、芥末、乌醋供食客自行选择组合为蘸酱，桌上另有酸菜及辣椒酱。吃猪血蘸酱好像只此一家，而且蘸酱还颇为讲究；其实不蘸任何蘸酱亦十分可口。有人还未喝汤就先加入大量的酸菜，我建议先不要，那汤喝了三分之一左右再加点酸菜进去，为浓郁的汤添入甘味，一碗汤就喝到了两种滋味。那碗汤，一口，就回到五十年前的台湾。

此店斜对面的大同区行政中心，从前是"猪屠口"，即猪的屠宰场，围绕着猪屠口，聚集了许多以猪肉为主的小吃摊。当时的猪血没人要，创始人苏老先生每天凌晨两点带着桶去屠宰场，接收新鲜的猪血；猪血必须在一小时内加水凝固，才会有好口感。处理手法自然靠经验的累积，血兑水的比例决定了猪血凝固后的口感。

鹿港第一市场有一摊"老全猪血面线"，猪血、猪小肠、面线共治一锅，风味特殊。此摊乃许传盛先生创始于1944年，起初是挑着扁担走卖，大约三十年前才固定在第一市场的大明路口。摊家每天清晨即赴屠宰场购买新鲜猪血，制作时加盐处理（用三分之一盐水，加三分之二猪血），以避免猪血硬化、涩口。我看老板加了小肠一起用大锅熬煮，猪血面线加了芹菜、咸菜，和猪油爆过的葱酥调味，汤里有浓浓的猪油香。起初，猪血面线一碗两角，现在则是一碗25元。

台南圡井乡六十年老店"老牛伯仔猪血汤店"创业老板老牛伯仔（洪春生），原先在屠宰场杀猪，猪血无人闻问，他每天提一点回家，煮汤；由于手艺深受家人喜爱，遂在旧市场摆摊，生意渐佳，乃兼卖炒米粉、粉肠，远近驰名。现在这家店由老牛伯仔的女儿和大媳妇传承，她们开发出独特的"猪肺粿"，因制作费时费工，每天仅供应两个，奇货可居，成为该店另一招牌。

新鲜才好吃，台东"卑南猪血汤"的老板也是每天清早到屠宰场收购新鲜的猪血，他为了让猪血更平易近人，并体贴外国观光客，乃替猪血取了一个名字"布雷克豆腐"（Black Tofu），亲切又幽默。此店的猪血切得很大块，鲜嫩有咬劲，再加一点大肠在里头，就更添一种脂香；这种脂香，就是猪血汤重要的美学手段吧。

我难忘那次野外吃猪血汤的经验。那是1977年，几乎所有驻扎在金门的野战部队，都投入在这座战地地底医院的挖掘、兴建工程。花岗岩硬如钢铁，我每次都挥动铁锹拼尽全力凿掘，亦难撼动它半寸。最后还得靠工兵连来爆破。

炸药埋妥后，我们步兵连撤退至"安全距离"，我跟小贩买了一碗猪血汤、一个茶叶蛋，边吃边数着炸药爆破的声响，9，10，

11，12，当我数到第十三响，抬头惊见满天炸裂的花岗石块，杀气腾腾的石雨铺天盖地而来。我丢掉手中的食物，连跑带爬地钻进一座碉堡的机枪口。就在几秒前我站立着吃猪血汤的位置上，大大小小的花岗石纷纷砸落，侥幸逃脱大难，吓得我两腿发软，我知道，坑道附近又添了几具零散的尸体。

猪屠口昌吉街猪血汤

地址：台北市昌吉街 46、48 号

电话：(02)2596—1640

营业时间：10:00—21:00

老全猪血面线

地址：彰化县鹿港镇第一市场
　　　大明路口旁

电话：(04)777—9589

营业时间：08:00—18:00

老牛伯仔猪血汤店

地址：台南县玉井乡中正路 100 巷 10 号

电话：(06)574—3521

营业时间：05:30—13:00

卑南猪血汤

地址：台东市卑南里更生北路 76 号

电话：(089)229—043

营业时间：10:00—19:00

白汤猪脚

臺灣菜刀與砧板
乙未之冬畫於杯杼澤淨堂 亞平

大学刚毕业时，有一天忽然很想吃猪脚，遂在市场买了一只后脚回住处，加大蒜、青葱、姜片，用清水炖煮了近两小时，竟也香味四溢，汤汁浓郁。这是我烹饪的幼稚期，只能安慰怒吼的饥肠，自然还不能理解这种白汤猪脚看似简单、实则高深的美学意味。

台湾人治猪脚，以酱油卤制为主。白汤猪脚即清炖猪脚，在台湾食肆中并不多见，北部尤多于南部。《清稗类钞》载猪脚煮法："鲜猪蹄煮法有二，曰白蹄，曰红蹄。煮红蹄时，用酱油、冰糖，而白蹄无之。"白汤猪脚的汤头多用猪脚加大骨熬制，不但能强化胶质，更增添香醇风味，因此白汤猪脚的汤是用来牛饮的。而酱油卤制的猪脚则例不喝汤，最多用来浇饭。

专卖白汤猪脚的店家多标榜"猪脚原汁"，究其原委，有两层含意：一、白水滚煮，非以当归等中药材或酱油炖卤；二、强调汤头的浓稠，原汁原味，不添加调味料。

少了酱油的掩护，那猪脚的皮肤是否美丽？形状是否端庄？滋味是否魅人？完全袒露在人眼前，无所遁形。没有香料，没有着色，一切都靠自给自足。

清炖猪脚就像写诗，自然而不造作，从一开始就保持清澈，需要耐心和细心，像艺术家付出的努力一样。

猴急的人常用大火煮猪脚，锅内的汤汁汹涌沸腾，令猪脚快速浮沉滚动，这是错误的。盖大火煮任何肉品，都会让蛋白质分解成浮沫，肉质的鲜美荡然矣。一个聪明细心的厨师在熬汤时，不会让汤滚沸。

一只猪脚通常分三段供食客选择：腿肉、中圈、脚蹄。腿肉乃纯粹的猪脚肉，煮得香嫩，表皮仍富弹劲；脚蹄最有嚼劲，尤其那滑溜的蹄筋最为诱人。我偏爱中圈，有皮有筋有肉有骨头，兼具各段优点。

猪脚长时间炖煮，皮肉俱软烂而不油腻，骨髓真味亦吸之即出。店家都附辣椒、酱油供食客蘸用，汤喝完了往往可以再续。

大稻埕慈圣宫前有许多风味小吃摊，其中有一家"许仔的店"专卖白汤猪脚面线，我喜欢分开点食：一碗干面线，一碗猪脚汤。其实"庙口猪脚"早已闻名数十年，坐下来吃的几乎清一色都点干面线和一碗猪脚汤，那白卤的猪脚卤得透彻，香味浓得化不开，又充满弹性，太好吃了，一口接一口来不及间断，我必须每一口都使劲提醒自己：吃慢一点再慢一点，别咬断了假牙。

"许仔的店"严选温体猪的猪脚，老板强调那些猪脚都健康无受伤，每天新鲜现煮，用一个大铁锅熬煮大量的猪脚，非常甜美，饱满的肉香散发着米酒香，拼了痛风发作也要喝光它。这高汤充满了胶质，有几次我贪嘴多吃了两碗，竟觉得两片嘴唇好像粘在一起，张开时颇费力气。

卖猪脚汤几乎都兼营面线，手工干面线煮妥，用高汤烫过，再淋上一大瓢蒜泥和猪油，这是庶民饮食中简单而富足的美感。卖猪脚配面线，却鲜见供应白米饭，大家竟也习以为常，想来是台湾人吃猪脚面线压惊改运的风俗。

白汤猪脚最出名的大概是基隆爱四路"纪家猪脚原汁专家"，此摊创立于1964年，生意好到另辟摊后公寓的二楼作吃食场所。纪家的猪脚当场称重定价，每两15元，价格有着观光地区的身段。生意兴旺带动着良性循环——猪脚新鲜，大锅煮大量的猪脚高汤，自然是十分浓稠的上品，也充满胶质和肉质香，甘醇极了，完全不必添加任何人工甘味。

基隆义二路"林记猪脚原汁"也是以"两"称重计价，去油、去腥，做得相当彻底，肉嫩又弹牙。

彰化市中正路亦有"纪家猪脚"，也是白汤炖卤，不过其汤头加了鸭肉和中药材卤制，尤其明显的是当归味。

白汤猪脚若有添加物，当归似是首选。诸如丰原庙东小吃街"永芳亭"四神猪脚汤，就加入当归、川芎、熟地、桂枝等多种中药材，上桌前再淋一点当归药酒。饶河街夜市"连猪脚面线"亦加入当归等数种中药材炖卤。

好的猪脚必须整治干净，绝不可带着丝毫腥味，这是先决条件。

大凡食物，要先爱它才会美味。治猪脚首重卫生，那猪，一生不曾洗过脚，我们要吃它亲吻它，必须仔细替它拔除脚毛，刷洗干净。我在家里煮猪脚，必定用镊子一根根拔除脚毛，再以钢刷为它洗脚，然后氽烫，起锅；再刷洗，氽烫，如此三遍，才心安。

许仔的店
地址：台北市保安街 49 巷 17 号
　　　（慈圣宫前）
电话：(M) 0952-005739
营业时间：10:30-19:30

纪家猪脚原汁专家
地址：基隆市爱四路 29 号前
电话：(02) 2425-0853
营业时间：16:00-02:00

林记猪脚原汁
地址：基隆市义二路 2 巷 4 号
电话：(02) 2427-0229
营业时间：10:00-20:00，周一休息

红
烧
鳗

红目鲢の连字　己丑何华五

大学毕业我租住在南机场社区时，常吃夜市的一摊红烧鳗，一晃二十几年，红烧鳗的香气仍萦绕在记忆深处，还连接了夜市的人潮、闹哄哄的吆喝、各种热络的小吃摊、汤勺碗盘的碰撞声，和总也不老的"甜不辣西施"。红烧鳗对面的摊位是甜不辣摊，我越来越觉得，当时喜欢吃那摊红烧鳗的动机十分可疑——不完全是为了美味，更因为可以肆无忌惮地近距离欣赏美丽的老板娘。

　　台湾小吃中，红烧鳗不算普遍，北部又多于南部。这是随台湾远洋渔业发展起来的菜肴，几十年来逐渐演变成典型的台菜料理，是外脍宴席中的要角，更见诸小吃摊。

　　红烧鳗用的是灰海鳗，属肉质细软的白肉鱼，此鳗粗刺厚皮，体长可达两米，台湾人多切成大块腌渍红曲后油炸，此外也用来做鱼丸、罐头。灰海鳗又叫鱧，日本人称为はも，他们真是会吃鳗的民族，连灰海鳗也擅长料理：酱烤、醋拌、生鱼片、天妇罗、火锅、炊饭、煮面等等。

　　这种鳗像光明磊落的汉子，鱼刺又长又粗，坦荡荡地呈现在眼前；不像有些鱼全身都是细而小的刺，冷不防伤害你的食道，像躲在暗处的偷袭者。

　　人工养殖的淡水鳗鱼，脂肪含量高，多用来制作蒲烧鳗或以中药材炖鳗；灰海鳗的个头大多了，而且越大越结实，有嚼劲，常被台湾人用来制羹。红烧鳗"红烧"二字并非习见的酱油、豆瓣、酒烹制，而是指灰海鳗切块后用红曲腌渍，渍后蘸番薯粉油炸，再加大白菜一起熬煮。

　　昌吉街"昌吉红烧炖鳗"无论风姿、气质都是全台首选。这店的红烧鳗表皮呈土黄色，切块硕大，有厚实感，连附在汤里的高丽菜也很大片。汤头浓郁中透露着清香，还有淡淡的枸杞、当归、川芎味，一种温补的隐喻。

这种海鳗汤汁浓郁又带着清香，美妙极了。这汤是一种老台湾的农村味，带着温暖、关怀的意思，吃一碗，整个人都精神起来。

"昌吉红烧炖鳗"四十年前一碗卖3元，现在一碗卖65元。他们只卖炖鳗、炸鳗鱼卵、炒米粉三种东西，产品何必多种？美味则名。其米粉用鳗汁调味拌炒而成，有滋有味；迥异于坊间的炒米粉，临时浇淋一大匙肉臊汁，油腻得令人心生畏惧。油炸鳗鱼卵浇蒜泥酱油，嚼劲足，越嚼越香。"昌吉"营业超过半世纪，来老店的总是老主顾，其实只要路途不太遥远，吃了一次很容易就变成老主顾。

若不计较羹汤，野柳"三叶美食海鲜"有我体验过的最美的红烧鳗。跟所有海产一样，灰海鳗的鲜度乃美味的先决条件，"三叶"有自己的渔船，自己捕鱼自己卖，新鲜不在话下。红烧鳗并不做成羹汤，而是油炸后直接上桌，挤一点柠檬汁或蘸胡椒粉吃，肉质细致，鲜甜，香酥，动人心弦，有一种笃定的味道。

红烧鳗美味的关键有二：腌渍和汤头。用红曲腌渍大家都知道，差别就在调味和裹粉油炸，唯高明者能保留鲜度，去除鱼腥，呆厨常搞得鱼鲜全失，只剩下浓烈的红曲味，或把鳗鱼弄得像柴鱼。

台湾名食红烧鳗，准确地说应该叫红烧鳗羹，本质如此，就不好忽略羹汤的呈现。有些人做羹汤喜欢加入中药材，这并非重点。我服膺的红烧鳗羹都不会太浓稠，准确控制甜度，不太显露勾芡痕迹，汤底需追求清澈。哎哎哎，为何那么习惯勾芡呢？裹地瓜米粉油炸的鳗块入锅去煮，自然就令那锅汤显得稠，何必多此一举。

基隆夜市"圳记红烧鳗羹"汤头显得清澈，此摊创业近半世纪，摊上的竹篓内层叠着炸过的鳗鱼块，蔚为壮观。红烧鳗表皮为红色，面衣薄得漂亮，为体贴食客安全，切块时顺着海鳗的纹理下刀，切成长条状的小块，尽量完整呈现鱼刺。油炸后和白菜、香菇一起煮，上桌时另加香菜，汤头甘醇，似有柴鱼提味，另外滴入乌醋和香油，鱼鲜融合着菜甜。不过此摊的红烧鳗相对小碗，每碗亦65元。"圳记"另有一招牌鳗鱼头，放了大量的当归去炖，据说甚为补身，最宜秋冬时享用。

此外，基隆庙口25号摊"老店红烧鳗羹"的鳗鱼相对切得较小，腌渍完全入味，其味偏甜，每碗50元。此摊令旁边标榜"正老摊"的红烧鳗相对显得庸俗。

通化夜市"泓鼎红烧鳗"人气甚旺，这摊兼卖生炒花枝，其红烧鳗羹强调选用两斤以上的肥鳗，除了和白菜同煮，另附罗勒叶提味，还加入当归、枸杞、红枣等中药材，美味兼养生。

听说灰海鳗的皮含有一种抗老化的软骨素（chondroitin），若果然如此，则此物实宜常吃。我步入中年之后，特别感受到时光是最残酷的暴力分子，任何人都臣服在它的脚下，一切美好的事物都被它快速消灭。

三叶美食海鲜
地址：台北县万里乡野柳村港东路74之16号
　　　（野柳国小正对面）
电话：(02) 2492-3132
营业时间：10:00—21:00

圳记红烧鳗羹
地址：基隆夜市爱四路30号前
营业时间：17:00—24:00

昌吉红烧炖鳗
地址：台北市昌吉街51号
电话：(02) 2592-7085
营业时间：10:30—01:30

镬
边
趖

镭边趖源自福州风味小吃"鼎边糊"、"锅边糊",其起源主要有二说,一说是南台下渡一带,三月间迎"大王"(土神),家家户户煮锅边糊。另一说则附会了一个爱国主义色彩的故事:1563年明将戚继光打击倭寇时,百姓为慰劳军士,浸米磨浆,准备精制各种粿食;忽然一匹快马带来紧急军情,谓倭寇正策划偷袭戚家军营,戚继光乃决定提前拂晓出击。然而未干的米浆做不了粿,百姓匆忙间将做馅用的肉丁、香菇、虾干、小白菜、葱放入锅里煮成汤,待滚沸再倒米浆入锅搅拌,让将士吃米糊以暖暖身子,没想到竟大受欢迎。一位老人将锅边铲下的米浆卷片,盛一碗给戚将军,"老人家,这是什么啊?""锅边糊。"后人有诗赞曰:抗倭参将出奇兵,父老纷纷夹道迎。浸米磨浆忙彻夜,锅边糊里见深情。

正宗鼎边糊的做法是先将大米磨成米浆,以纱布装虾皮末煮成虾汤;大锅内的清水煮至七成熟时,分四次沿镭边浇米浆入锅内,再放进蛏子干、香菇丝、丁香鱼干、葱、蒜和虾末汤调味。

福州的鼎边糊店又叫"粿店",兼卖蛎饼、芋粿、红白糖粿,最出名的老铺是"惟我什锦锅边糊店",配料另有鸡鸭肝、目鱼干。

台湾镭边趖则多兼卖卤肉饭,近年竟也卖起真空包装了。我几次在信用卡会讯上看到"基隆名产——镭边趖"的广告,上面说"'趖'原意是指液态物爬滚的动作,将在来米磨成的米浆沿着鑪边趖一圈,镭中放一些水,镭边用火烧热,一面烤,一面蒸,用这种方法做成的美食叫镭边趖"。

这段"趖"的叙述有问题,广告谓"趖"是"液态物爬滚的动作",语意出自何处?案趖,音梭,走的意思,后来又引申为日落。《说文·走部》曰:"趖,走意。",段玉裁注:"今京师人谓日跌为晌午趑。"后蜀欧阳炯的词《南乡子》云:"铺葵席,豆蔻花间趑晚日。"若以闽南语发音,镶边趑的"趑"则另有"挲"的意思,意谓浓稠的米浆沿着大鼎内侧摩挲一圈,米浆挲过一圈,鼎内上缘即形成白白一片,经鼎中水汽升腾,再刮落入汤里,乃有了烤、蒸、煮的工序。

镶边趑是比较不普遍的台湾小吃,可能是因为制作上稍烦琐;这种米食汤品的烦琐,具现于工序和食材。

制作镶边趑,最好用大锅大灶趑煮,米浆才能表现爬滚的动作,也才会有弹牙的口感;若自己在家制作,限于锅具,只好改成煎粉皮,或以粿条取代。除了作为主角的趑,最重要的是那一锅高汤,须用大骨或蚬熬制,绝不可偷懒依赖味精。那大锅里起码要有超过十种配料:香菇、金针、笋丝、蒜头酥、芹菜末、高丽菜、肉羹、虾仁羹、虾米……尤其少不了笋丝和提香的芹菜末、韭菜末。无论配料如何,"趑"才是真正的老大,是主角,趑的弹牙口感远非粿条所能取代。

大稻埕妈祖宫口有一摊"阿兰炒饭",素以鲔仔鱼炒饭闻名,来客落座,几乎都会吃一盘鲔仔鱼炒饭。我特别钟情于现煮的镶边趑,客人点食后才舀起高汤,以小锅煮食,每碗新台币40元,却未因便宜而稍稍减损其制作态度,那丰美的高汤里有鲜蚵、猪肝、笋丝、鱿鱼丝、金针菇、韭菜末、油葱和虾米,配料甚多,这么高尚精致的镶边趑,滋味凌驾于吴记和邢记,幸亏知者并不多,我才不必排队。

基隆庙口庙埕旁那两家可能是全台最有名的镶边趑专卖店,知名度犹胜过台南安平老街的贵记。这两家真像双胞胎:27-2号摊位吴记镶边趑,和27-3号摊位邢记镶边趑,两家趑的品质一致,配料雷同,先天孪生般又后天互相影响,口味竟相当类似。我每次去,两家都各吃一碗，以示公平。近来物价飞涨，邢记镶边趖每碗涨了 5 元，吴记镶边趖的墙上贴了一张告示："时机歹歹，宁可薄利；别人涨价，我们不涨。"依然维持每碗新台币 50 元，竞争之激烈可见一斑。

吴记的肉羹较佳，汤头略逊，虽比邢记多了鱿鱼丝和小鱼干，可惜竹笋用得太俭省，少了一种笋特有的清香和甘甜。邢记的用了颇多笋丝，再多一味金针熬煮，汤头极美；可惜肉羹、虾仁羹都欠高明。其实奠济宫口那么多的虾仁羹都有待提升，虾仁羹应以新鲜虾仁制作才是，像染红的鱼丸就不好了。

镶边趖是我惊艳基隆庙口的开始，那汤，鲜甜得令人不顾舌头被烫伤的危险；白白嫩嫩的粿片虽然已改成预先制作，仍弹性十足，刚想轻轻咬一口时，他竟已主动般溜进嘴里，仿佛舌头之外的另一个舌头，调情般滑来滑去，香味充满。

镶边趖需趁热食用，否则滋味全失。有一次我在南门市场边吃到一碗失温的镶边趖，趖又缺乏弹性，口感似粿条，害我沮丧了好几天。

阿兰炒饭
地址：台北市保安街 49 巷内（慈圣宫口）
电话：(M) 0926-099090
营业时间：09:00—16:00

吴记边
地址：基隆市仁三路庙口 27-2 号摊
电话：02-24237027
营业时间：11:00—24:00

邢记边
地址：基隆市仁三路庙口 27-3 号摊
电话：02-24260043，(M) 0937-865733
营业时间：14:30—01:00

天妇罗、甜不辣、关东煮与黑轮

每次想到基隆，就想到庙口的小吃；想到那些小吃，首先浮现的是"天妇罗"；一思及庙口第 16 号摊的"王记天妇罗"，唾液就充沛分泌，来不及咽口水。此摊自 1956 年开始营业，在庙口诸摊中时间并不算长，却是我心目中的重要地标。

天妇罗、甜不辣、黑轮俱属台湾典型的混血食物，乃日本殖民留下来的吃食，发展的源头可能就在基隆庙口。

天妇罗（てんぷら）是一种油炸的鱼浆，大抵将鲨鱼肉剁成细茸，制为鱼浆丸，再压成浅碟状，油炸至外表呈金黄色，蘸甜辣酱、佐腌小黄瓜片吃。天妇罗美味与否，关键在于鱼浆好不好，遗憾的是，现在的鱼浆绝大部分都来自批发工厂，且以不新鲜的杂鱼制成。基隆庙口第 16 号摊不随流俗，老老实实用小鲨鱼和海鳗为材料，添加太白粉、糖、味噌、味精打成鱼浆，现制现炸，这种照本分制作的食物焉有俗品？天妇罗最好用花生油或混合芝麻油来炸，此物难以在家自制，盖油炸的锅子必须够大，也没有人会为了吃一次天妇罗而耗费一大桶花生油。

てんぷら与台湾的"甜不辣"略有差异。在名称上，关西地区的てんぷら就是指台湾的甜不辣，而关东地区唤甜不辣作"萨摩扬げ"，九州叫"付け揚げ"。

台湾的甜不辣是鱼浆油炸后又经过煮的工序，通常伴随鱼丸、猪血糕、萝卜、高丽菜卷出现，吃时淋上酱汁，算是目前最普遍的鱼浆制品，随处可见。

台北西园路"亚东甜不辣"的高丽菜卷很赞，单纯的高丽菜，清爽，甜脆，蕴含菜香；可惜店家太拘泥于特调的酱汁——用酱油、味噌调制出来的蘸酱风味甚佳，却不宜每一种食物都淋上，否则百物一味，形同无味。甜不辣自然是招牌，确实不错，蘸酱用于此就准确多了。师大路"乌顶关东煮"，所有调料、酱料皆让食客自己斟酌，是比较人性的办法。

北部较常见天妇罗，南部则多"黑轮"，黑轮日语是おでん，因此我们叫它时必须用闽南语发音才对；关西地区叫"关东煮き"（かんとだき）。在台湾南北也颇有差异，北部人叫它甜不辣，个头大约只有南部黑轮的四分之一。从前在高雄吃的黑轮还掺有白煮蛋——旗鱼肉打浆后，加进白煮蛋和糖，拌匀，入锅油炸。

我还是偏爱油炸天妇罗和炭烤黑轮。屏东潮州的"庙口旗鱼黑轮"用现捞旗鱼制作，强调不添加硼砂，由于够新鲜而广受欢迎。这家黑轮的蘸酱是油膏加芥末，口味独特。在东港华侨市场内，有一家创立逾百年的"瑞记旗鱼黑轮"，也以新鲜美味、真材实料、不掺防腐剂驰名，这家黑轮的工序跟基隆庙口的天妇罗一样，都是即制即炸，将表皮炸至金黄即食。诚恳老实制作的古早味，才是振兴饮食文化的正途。

念高中时，不晓得是因为正在发育或运动量大，还是因为那摊卖烤黑轮的滋味太诱人，上课时常心不在课堂。围墙外的那摊贩正在烧烤黑轮，油烟飘然进入教室，鼓动凶猛的食欲，摧毁我脆弱的意志，勉强忍耐着熬到下课，已经狂饿难堪，有人翻墙出去吃，有人通过铁门的边隙交易。那黑轮乃南部特产，台湾其他地方鲜见，它的外形硕大，鱼浆实在而弹牙，用炭火烤到膨胀，表皮略显酥脆，淋上辣椒酱吃，具有一种梁山好汉的阳刚气魄，痛快淋漓。

高中时代的おべん影响了我的甜不辣美学，领悟到烹制此物务必如此才美丽，烤的又比煮的迷人；就好像鱼或肉，一经久煮即完全失去滋味，反而是那一锅汤，接收了全部的精华，甜美无比。

天妇罗、甜不辣和黑轮具现了台湾鱼浆小吃的系谱。台湾有名的小吃多聚成市集，尤其是夜市。夜市又多以某一庙宇为中心，因为香火鼎盛，引来各地香客，吃食摊遂逐渐在周遭发展出一定的规模，乃至形成以美食为主的观光胜地，跃为都市的商业中心。基隆"奠济宫"前的小吃区即是这样衍生出来的，这庙口在日据时期是花街、商业地带，吸引很多来自瑞芳、九份、金瓜石的商人和矿工，人潮使庙埕小吃摊逐渐固定下来。

夜市常出现许多西洋／本土，精致／粗野相混合的排场，呈现出众声喧哗的美学。台湾是一个浅碟型的社会，什么东西的流行周期都很短——前一阵子才流行喝红酒，大家喝起红酒很像灌啤酒；忽然转而流行吃葡式蛋挞，到处看到"安德鲁"、"玛嘉烈"蛋挞店；好像没流行多久，整个社会又一窝蜂挤在面包店门口，排队买"巨蛋面包"和甜甜圈……我们喜欢的这类鱼浆食品，似乎已演变成逐渐稳定的台湾味道，族群的历史记忆，浓缩在一碗天妇罗里，铭刻后殖民的饮食文化。

天妇罗

地址：基隆庙口第 16 号摊
营业时间：11:00—21:00

亚东甜不辣

地址：台北市西园路 1 段 56 号
电话：(02) 2388—4259
营业时间：08:10—18:00

乌顶关东煮

地址：台北市师大路 49 巷 3—1 号
电话：(02) 2368—6659
营业时间：17:00—23:30

肉
圆

幺女出生时，体重偏重，令那张袖珍的婴儿床显得拥挤，医院的护士们给她取了个绰号"肉圆"，大概是一副秀色可餐的模样。不过，听那些护士的口气，似乎不懂得欣赏丰腴美，我至今仍耿耿于怀。

如今便利商店也卖肉圆了，然而这种生意不会大张旗鼓搞连锁店，也不会布置出富丽堂皇的吃食环境，多只是路边摊或小吃店。

肉圆又称"肉丸"，鹿港叫"肉回"，乃台湾土生土长的庶民小食，非常普遍，几乎每一个地方都不乏好吃的肉圆，如新竹市"飞龙肉圆"、鹿港"肉圆林"、台东市"萧氏有够赞肉圆"……尤其夜市，多见肉圆芳踪，我们几乎可以断言，没有肉圆的夜市，不会是完整的好夜市。

肉圆略有地域差异，本土性格强烈，因此街头巷尾所见的肉圆多以地名标榜，诸如永和的"潮州肉圆"、台南东山乡的"东山肉丸"、柳营乡的"柳营肉丸"，彰化人迁居莺歌所立的"彰莺肉圆"，此外随处可见新竹肉圆、员林肉圆、台南肉圆、屏东肉圆……据说彰化北斗镇是肉圆的发源地，北斗肉圆外表呈三角形，体积迷你，我一次可以吃 10 个；新竹肉圆个头也小，呈椭圆形；一般肉圆则多为扁圆形，直径约 6—8 厘米。

台湾肉圆的风格，大抵"南蒸北炸"，北部以彰化为代表，馅料以猪肉为主。南部以台南为代表，多以虾仁为主角，像"茂雄虾仁肉圆"和"友诚虾仁肉圆"，用新鲜的沙虾仁、肉臊、红葱头所组合调制的内馅，加上细嫩的外皮。

清蒸肉圆的优点是不油腻，不过我偏爱油炸肉圆。说是炸，其实只是泡在温油里，混合两种工序——先蒸后炸。所用的炸油多以花生油混合猪油，肉圆蒸熟后备用，待顾客点食才入油锅加热。由于刚从油锅中捞起，从皮到馅都非常烫，边吃边吹气，在急尝美味和烫伤嘴的边缘，忽然领悟爽快和危险居然这么近，喔，人生有许多时候真的像在吃肉圆，躁进不得。

肉圆美味与否系乎三条件：外皮须厚薄适中，又要柔软而富弹性，外表须呈半透明，有剔透感，咬下去透露米香；内馅须饱满，且配料和谐，调味佳；淋酱的优劣亦是成败关键。

肉圆的制作有点繁复，实实在在的工序是：将浸泡一夜的在来米磨成浆，倒入滚水中搅拌至熟，再添加太白粉、地瓜粉搅匀拌成糊，即为粿浆。待粿浆冷却，注入模子中，加入内馅，再糊以粿浆，送进蒸笼炊熟定型。制作粿浆的在来米粉添加地瓜粉、太白粉，乃为增强外皮的韧度和黏性。这里面犹有些讲究——地瓜粉需用红粉才不易蒸烂，此外，肉圆蒸熟得先用电扇吹冷才取下。

内馅以猪肉为主，常见的馅料还有笋丁或笋丝、香菇、葱头，笋干选取刺竹方为上品。猪肉大抵采用胛心肉或后腿肉，须先爆香过，用红糟处理也很普遍；清蒸肉圆多用肉臊，油炸则多剁成肉块。清蒸的淋酱多用虾酱，油炸则多用米酱，显示出浓油厚酱的表情。米酱乃用糯米磨浆，加糖熬煮而成；有些店家会另加酱油膏、甜辣酱组合。

卖肉圆虽是小生意，好店家却不会缺乏体贴心意。屏东夜市"上赞肉丸"免费提供以柴鱼、三层肉、冬菜所熬制的"感情汤"，无限畅饮，显然在和老顾客博感情。台北人制肉圆多放笋丝，异于别处的笋丁；店家将肉圆端给顾客前，会先用剪刀剪开外皮。

彰化县的肉圆有北斗、彰化、员林三个山头，各有其做法和口味，各有其拥护者，乃彰化县最具代表性的美食。彰化"阿三肉圆"老板伉俪是帅哥美女，其肉圆分大小两种，大肉圆内馅饱满着肉丁、干贝、炸鸭蛋、大香菇；外皮用纯番薯粉制作，弹劲足。搭配肉圆的汤品有龙骨髓汤、猪肚汤、排骨汤、金针汤、苦瓜汤，汤头用心熬煮。

板桥黄石市场附近"林圆大粒肉圆"是我最近才体验的美味。一天，诗人紫鹃请我们品尝板桥美食，吃到肉圆时已经下午三点多，虽然已品尝过多家餐馆和小吃摊，我却一眼就爱上它。这家小店仅卖肉圆、虱目鱼丸汤，比一般摊贩的货色少，二十几年来却越卖越旺。肉圆的外皮细滑，弹牙，很有嚼头，饱含米香。内馅更加讲究——饱满的猪后腿肉、笋、香菇，并且加了一颗鹌鹑蛋。酱汁也靓，据说是加了虾头、虾壳和虾卵所熬制。"林圆大粒肉圆"跟以前彰化市的"阿章肉圆"风格近似，不过"阿章肉圆"因为考虑健康，已经舍弃了猪肝和鸽蛋。

丰富内容的手段各家不同，基隆市"阿玲家肉圆"添加小黄瓜片，新竹市"飞龙肉圆"内馅另加栗子，台南的清蒸肉圆则例加虾仁。

九份的"金枝红糟肉圆"有荤、素两家，我平时并不吃素，可每次去九份都得吃一粒素肉圆才肯回家，那豆粉制成的素肉，与笋丝、香菇一起，合奏出不可思议的香味，令人迷恋。

南机场社区有一个肉圆摊，下午才短暂出没，旋即不见踪影。当肉圆摊重现江湖，摊前立刻排出长长的人龙，我多次搭出租车去排队，大概有一半的几率向隅，遭受失望打击渐多，遂提不起勇气再去。

大学毕业时，女朋友住在顶好市场后面，附近的土地公庙前有一肉圆摊，十分美味，我们常常站在路边吃肉圆，米酱之外再加蒜泥和自制辣椒酱，大汗淋漓，那气味芬芳了周围的空气。有这样一粒肉圆吃，值得烧香拜佛。

台中市聚集了许多好圆，诸如中正路上的"丁山肉丸"、"茂川肉丸"都有不俗的表现。最令人动容的肉圆可能是复兴路"台中肉员"，这也是我吃过的最赞的肉圆。

"台中肉员"1941年开业，目前是第二代周朝堂先生掌门，座位颇多，店内仅卖肉圆、冬粉汤、鱼丸汤，却人潮不息。墙上挂着台中市长、议长等人赠送的红匾额"全台首圆"，我觉得它们当之无愧。那肉圆的皮用在来米、地瓜粉、树薯粉调制，又经过准确的搅拌程序，展现出非常惊人的美感，弹牙的外皮内是紧实鲜美的腿肉、笋和香料组合的丸状内馅。店家自制的独门甜辣酱很靓，我却偏爱原味，不淋任何蘸酱，这肉圆值得仔细品尝；吃肉圆，再喝一碗鱼丸汤或冬粉汤会更加愉悦，鱼丸以旗鱼制作，高汤乃大骨熬煮。初次吃"台中肉员"是戴胜堂先生引领，他和周老板熟识，两个朋友边吃边抬杠，增添了这种庶民美食的人情滋味。

我的肉圆史，从每粒新台币3元，吃到每粒35元，见证了台湾物价的飞涨。

茂雄虾仁肉圆

地址：台南市保安路 46 号

电话：06—2283458

营业时间：09:30—22:00

友诚虾仁肉圆

地址：台南市开山路 118 号

电话：06—2244580, 0933—333610

营业时间：09:00—20:00

台中肉员

地址：台中市复兴路 3 段 529 号（近台中路口）

电话：04—22207138

营业时间：11:00—20:30

阿三肉圆

地址：彰化县彰化市三民路 242 号

电话：04—7240095

营业时间：11:00—19:00

林圆大粒肉圆

地址：台北县板桥市府中路 104 号

（捷运府中站）

电话：02—22727712

营业时间：10:50—21:00

金枝红糟（素）肉圆

地址：台北县瑞芳镇基山街 63 号

电话：0939—093396, 02—24969265

24666445

营业时间：10:00—19:00

周六 09:00—23:00

周日 09:00—20:00

鲨鱼烟

鲨鱼烟使用豆腐鲨（鲸鲨），由于肉质易于凝结，也常加工为鱼丸、甜不辣。台湾的海产店，豆腐鲨常用蒜苗以快火猛炒，烟熏是比较晚近的厨艺。

我推测鲨鱼烟是台湾北部所发展出来的庶民美食，时间大抵在一百多年前，如今邻近庙口、市场的小吃摊已随处可见。这是独特的台湾味道，北部又较中南部风行，原因是近海捕捞的鲨鱼，主要卸鱼地在南方澳渔港[1]。渔港的鲨鱼进货大抵分为两类：其一是远洋渔船所捕获的冷冻鲨鱼，另一类为近海渔船载回来的冰温鲨鱼。近海捕获的鲨鱼较贵，较鲜，乃制作鲨鱼烟的好材料。至于品质较差的鲨鱼肉则制成鱼浆。

从前我们还不太会利用鲨鱼，捕获的鲨鱼用途主要是鱼鳍和鱼皮，晒制成干货贩售；鱼肉则用来当钓饵——往往是生产过剩的饵。鲨鱼肉很腥，少量的鱼肉即散发浓重的腥味，会招来大量的鱼群。过重的腥味使料理显得困难，尤其回锅后，腥臭味更烈。烟熏工艺有效地矫正了鲨鱼肉的腥味，防止腐败，并提升特殊的风味。

烟熏是将已经熟处理的物料用烟熏制，以加重物料色泽，令它油亮，使其增添烟的芳香味，并易于保存。因此用来燃烧生烟的东西就决定了成品的风味，常用的包括茶叶、糖、花生壳、甘蔗、木屑、黄豆、米等等。传统的烟熏工艺是铁锅内铺垫甘蔗、茶叶等物，上置竹箅，再将煮过的鲨鱼肉摆在竹箅上，覆盖后加热，逼使茶香蔗甜熏入鱼肉，产生一种特殊的烟熏糖味。

学校有课的时候，我下课总是从学校飙车回台北，急着赶到大

---

[1]　南方澳位于台湾东北部的宜兰县，是东临太平洋的天然渔港，台湾三大渔港之一。

稻埕吃午饭，尤其妈祖宫（慈圣宫）前的小吃摊，是我经常流连的所在。妈祖宫口的"阿可（A KO）鲨鱼烟"是经营超过半世纪的老摊，鲨鱼烟的品质也值得赞美，可怜它邻近"阿华鲨鱼烟"，硬是被后者比了下去。

"阿华鲨鱼烟"卖了一世纪，现在是第三代在经营，还是只卖鲨鱼烟，表现一种简单质朴的美学。它最为人称道的是鲨鱼新鲜。新鲜，是鲨鱼烟美味的关键，却也是最难得的关键。往往已经下午一点半了，凉州街"阿华鲨鱼烟"还是座无虚席，我喜欢点食不同部位的鲨鱼烟：鱼肉、鱼肚、鱼皮、鱼心、鱼冻、喉咙和鱼尾，有的弹牙，有的软腴，有的爽脆，有的富含胶质。蘸店家用九种酱料调制的五味酱油膏吃。阿华的烟熏技术高明，每一块都熏得恰到好处，鱼肉鲜甜而多汁，鱼肚和鱼皮都弹牙可口，委实是我经验过最厉害的鲨鱼烟。

那鲨鱼皮冻，看得见饱满的天然胶原，夹起半透明的鱼冻，犹在筷子尖端颤动。奇怪这年头那么多注重养颜美容的人，竟不知来享受这种保养皮肤的圣品。另外，我爱紧实的鲨鱼肉，熏制鲨鱼肉最美味的部位是下腹，软腴如凝脂果冻般，柔嫩却又弹牙。

台湾到处有人卖鲨鱼烟，却多熏得柴滞，或带着苦涩，这又是现代人大量生产的恶果。目前市面上的鲨鱼烟贩售者，并非亲自熏制，多批自工厂批量生产的成品，风味差矣。由于鲨鱼的清洗、熏制过程繁复，大部分的小吃摊遂依赖机器生产，吃来吃去，每一摊的口感都相同。材料不够新鲜，加上烟熏技术差，就得靠蘸酱来掩饰；遗憾的是，风味不佳的鲨鱼烟，从来都调不出美味的蘸酱。

一般卖鲨鱼烟者多用冷冻鲨鱼，"阿华鲨鱼烟"老板每天凌晨到

臺灣古早 狗頭牌 火柴
是先民日常生活之必備
婦女作飯生火、男人點煙
阿婆燒香等無一不需要它燃

市场严选新鲜鲨鱼，用茶叶、红糖、黑糖手工熏制出人间的烟火味。此店几乎提供鲨鱼全餐，从鱼身各部位到内脏，供食客选择，我喜欢选择几种拼成一盘，不同的口感，如同享受鲨鱼烟的变奏曲。

初尝"阿华鲨鱼烟"，是章景明老师带我来的，这个大饕家退休后，我常觉得在"中央大学"很寂寞。多么想带他去尝"柴寮仔鲨鱼坚"啊。"柴寮仔鲨鱼坚"的味道太像阿华鲨鱼烟了，两者都在凉州街（一家在重庆北路之东，一家在重庆北路之西），几乎一模一样的口味，一样的饮料（维大力加米酒），一样的蘸酱，一样附大量的白萝卜丝和葱花，一样每份 100 元，一样都是第三代在经营……我好奇地问老板跟阿华鲨鱼烟有何关系？"无关系！"这问题似乎令店家不高兴，他冷冷地回答。

两家味道雷同的鲨鱼烟，像同一个师傅手把手调教出来的孪生兄弟，两者竟毫无关系，世间真有如此巧合之事。

阿华鲨鱼烟
地址：台北市凉州街 34 号前
电话：(02) 2553—4598，(M) 0918—741666
营业时间：11:00—19:00，周一休息

柴寮仔鲨鱼坚
地址：台北市凉州街 1 号前
电话：(02) 2557—6170
营业时间：周一至周六 12:00—20:00

蚵仔煎

蚵仔煎源自闽南"海蛎煎",香港则叫"煎蚝饼"、"蚝仔饼",传说是王审知的厨师所发明。五代后梁时期,王审知被封为闽王,他轻徭薄赋,倡修水利,兴办学校,并招纳中原名士前来共同开发,将福建治理成繁荣稳定的"文儒之乡"。王审知是中原人,一直吃不惯海鲜贝类,于是从老家雇请一位郑姓厨师,负责把海鲜做成吃得下去的东西。郑厨经过考察研究,开发出了这道结合了海鲜、禽蛋、地瓜粉的新菜肴。

闽南海蛎煎和台湾蚵仔煎最大的差异,在于前者装盘时会加一匙"菜头酸"。所谓菜头酸,即萝卜泡菜——主要是白萝卜,切成薄片,再加少许胡萝卜丝,用糖、醋腌制,有开胃解腻之效。台湾人吃蚵仔煎,则习惯淋上以甜辣酱、番茄酱、味噌、糖、酱油膏和水调制的酱汁。香港人食煎蚝饼爱蘸鱼露、豆瓣酱。然而我还是期待店家将酱汁另置小碟,并非每个人都爱吃得满嘴酱汁。

蚵仔即牡蛎,是最平民化的海鲜,多养殖在咸水港,养蚵人家大多用固定式吊蚵,或浮力式吊养;蚵仔的成长甚快,大约吊养两周至三周即已肥硕,其中尤以东石、布袋、安平、东港一带最肥美。

虽说传自闽南,蚵仔煎如今已是台湾最出名的风味小吃之一,遍布全台各地,尤其在夜市。蚵仔煎连接了台湾人的生活经验,直到如今,许多老台北人还怀念建成圆环"顺发号"的蚵仔煎。我想,夜市若不幸缺乏蚵仔煎,是多么令人遗憾的事啊。

蚵仔煎由蚵仔、青菜、蛋、地瓜粉浆构成,成品周边薄脆,里面糯柔细嫩,滑嫩顺口。最重要的是蚵仔必须够新鲜;其次调制番薯粉浆,得用纯番薯粉兑水。青菜视季节搭配茼蒿或小白菜,不过各地仍略有差异，如嘉义市文化路"老店"的蚵仔煎加了九层塔；丰原庙东小吃街"正兆"蚵仔煎，底下铺垫的菠菜多得令人惊讶，其酱汁似添加了花生粉，我每次在庙东觅食，都不会错过此店，以及清水排骨面、永芳亭扁食肉粽。很多小摊兼卖虾仁煎、花枝煎、蛋煎，等于是蚵仔煎的变奏。然而不加蚵仔的"蛋煎"已经接近蛋饼了。

鹿港"光华亭"海鲜餐厅创立于 1918 年，店门另一个更大的招牌是"三番锦鲁面"，之所以叫"三番"，乃因他们是鹿港第三家有电话的人家。"光华亭"的蚵仔煎只用蚵仔、蛋、菜和一点点葱炒制，完全不添加粉浆。这是优质的古早味，现在街头小店的蚵仔煎多以太白粉勾芡汁，图的是省时省事，沿袭成了集体的坏习惯。

吴清和在《为小吃走天涯》中，断言此物是台湾小吃第一名，他的父母都是烹蚵仔煎高手，两人的制法却迥异，爸爸讨厌加芡水，妈妈则无芡不欢，"蚵仔煎差点让我家失和，但却让我度过在美国求学时的一个大难关"，原来他负笈美国时，有一门恨之入骨的功课，因偶然请教授吃蚵仔煎，竟高分过关。吴清和很臭屁，夸口说全台湾没加芡水的蚵仔煎，他没吃过比自己煎得美味的。

蚵仔煎不加芡水的烹制技术较困难，盖蚵仔和青菜少了芡水的调和、滋润，形状易涣散，蛋也常会煎得太老，整份蚵仔煎的结构全赖蛋液来凝聚。

蚵仔煎一定要用平底锅，像基隆庙口 36 号摊，老板曹赐发日据时期即在庙埕摆面摊，太平洋战争结束后才重新开张，改卖炭烧蚵仔煎。其锅具是一块特别定制的大铁板，由于年代久远，中间已凹陷；最独特的是不用煤气，铁板下烧着煤炭。摊家坚持用炭火来煎，说是煎出来的成品较美味，所谓"火有火味，鼎有鼎味"。蚵鲜量多，快煎好时，另在一边浇些地瓜粉浆，再把制好的蚵仔煎放置其上，多了一道工序，加了一层皮，使成品的口感多了一层酥脆感。

金门"金道地"老板娘五官很正点，肤色黝红，仿佛长期在烈日下劳动的美妇人，笑起来很灿烂又略显拘谨。她煎的蚵仔煎太赞了，只有纯地瓜粉才能调出这样香喷喷的粉浆，加上鲜美而量多的石蚵，允为我心目中首选。

我最难忘的蚵仔煎在槟城，林忠亮先生的蚝煎摊，可能是烂田仔（棺材街）最出名的风景，走近时，那蚝煎汹涌的香味扑鼻而来。许多槟城人一天没吃到，就觉得不太踏实。林忠亮自1958年开始经营蚝煎，而且只卖此味；其实他父亲已经炒了四十几年了。两代人靠蚝煎生活，将近一百年坚持只卖这样的蚝煎。

林老板满脸油汗站在火炉前，穿的背心已然湿透，颈项上搭着一条毛巾，炉火兴旺。他倾油入火上的大铁板，铁板上先放进蚵仔、青菜，再舀入兑过水的番薯粉，打蛋进去，香味随着热气蒸腾四散，油花亢奋地跳舞；当平锅中的蚵仔煎微黄，翻面续煎，再铲起，装盘，淋上甜辣酱。

我在台湾也常吃蚵仔煎，可就不曾吃过如此酥脆的蚵仔，如此货真价实。他的蚝煎用了大量的蚝，加韭菜、番薯粉，再加捣碎油炸过的大葱头，虽名为"煎"，实则重油到接近炸的地步，可真的很好吃。

金道地

地址：金门县金城镇前水头 15 号 18 支梁

电话：(082) 327969，(M) 0937-606751

营业时间：09:00-21:00

炭烧蚵仔煎

地址：基隆市仁三路庙口 36 号摊

营业时间：11:00-24:00

正兆蚵仔煎

地址：台中县丰原市中正路 167 巷 3 号

电话：04-25239235

营业时间：11:00-01:30

光华亭

地址：彰化县鹿港镇中山路 433 号

电话：04-7772003，7772462

营业时间：11:00-21:00

炸
排
骨

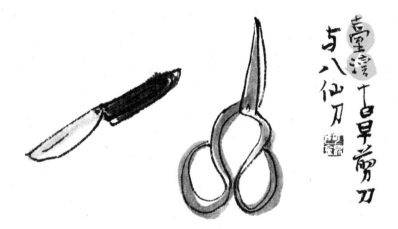

臺灣古早剪刀
与八仙刀

"饮食文学与文化国际学术研讨会"那两天，负责午饭的研究生问：要去哪里买便当啊？我推荐离会场不远的"大福利排骨大王"的排骨饭。果然，与会学人个个吃得很精神，间接促进会议的成功。

"大福利排骨大王"就在我家附近，门口有一个大油锅，走过时，阵阵浓郁的炸猪排味扑鼻而至，那块猪排未经拍打，所裹的面衣薄，色泽偏暗，腌渍很下工夫，调味重，咸甜互相修饰。排骨饭是此店的招牌之一，店里的米饭也讲究：用70%粳米，掺30%籼米。这家店在台大对面，营业已四十年了，是台大人熟悉的气味，带着怀念的意思。

肉质的鲜美是我们对炸排骨的基本要求。炸排骨通常用的是温体猪里脊肉片，其中尤以小里脊为佳，小里脊肉是猪脊骨与大排骨相连的条形瘦肉，乃猪肉最柔嫩的部位，水分多，脂肪低，纤维细。"田园台湾料理"的招牌菜"黄金排骨"，属台味更浓的"排骨酥"路数，舍习用的大里脊肉片，选小块的骨边肉，嚼感特殊；除了炸排骨，此店的肉羹、肉臊饭、虾饼和卤花生都颇为美味。

排骨油炸前需先腌过，腌料大抵用酱油、酒、胡椒粉、五香粉、糖和蒜。炸排骨附一碗饭和配菜，即成排骨饭，非常庶民的台湾快餐，到处吃得到。主角虽是那块炸排骨，排骨饭却表现着完整的美感：米饭多浇淋肉臊，成为卤肉饭；通常别有三道左右的蔬菜；附汤。完整而自足的快餐形式，远非习见的速食套餐可望其项背。炸排骨最好能佐以白饭、腌菜或高丽菜丝吃，此外炸排骨与啤酒很相配，建议所有的炸猪排店兼卖啤酒。

排骨饭连接着我们的生活，尤其是开会的便当，或匆忙的一餐。我最爱吃的可能是西门町"玉林鸡腿大王"，这家店营业已一甲子，它的炸排骨有一种精致感，淋在白饭上的肉臊卤汁亦是佳品，据说其炸排骨所裹的粉，是用三种粉特调而成。我吃猪排不喜淋上酱汁，彰化"黑肉面"的排骨是先炸再卤的工序，美则美矣，却非我心仪的对象。

炸物追求香酥感，外酥内嫩，必须有效挽留肉汁，就这一层次而言，我偏爱和风炸猪排，其表皮酥脆，呈金黄色。日本"剑豪小说"先驱本山荻舟评论戏剧，也以研究美食闻名，他吃炸猪排颇有心得："猪肉依各人喜好切成适当的厚片，然后略微敲松，蘸上一层薄薄的面粉后，沾上蛋汁，再裹上一层面包粉，放入熬油中炸到酥脆即可起锅。用油以猪油为佳。"最后一句是重点，用猪油炸东西特别香，是其他油难及的滋味。此外，橄榄油不宜做炸油，尤其长时间炸制，易产生焦臭。最近卫生局抽检炸油不合格店家，包括了两家知名的炸排骨店，令人泄气。

炸猪排看似简单，其实不容易在自家操作，盖炸猪排需要专业的调理设备，普通家庭的小锅小灶不适合油炸食物。无论油炸排骨或鸡腿，宜用大锅烹制，小锅子的油太少，放入原料后会令油温骤降，难免影响了品质。

食材在滚沸的水中叫"煮"，在油锅中叫"炸"。不同液体的热能（caloric capacity）不同，对浸于其中的食材遂产生不同的作用，例如在水中煮沸时，食材会软化，乃至解体，时间一久更溶化于水中而成糜状；在油锅中滚动，食材颜色会变深，不会被溶解，内部的水分被封锁，若油炸的时间过长，则因水分蒸发而炭化。

炸，是很有滋味的动词，这种旺火多油的烹调办法，广泛运用于各地菜肴，油炸的食物一般要经上糊处理，以保护原料不致炸焦，并取得酥脆的口感。炸有多种分支，诸如干炸、清炸、软炸、酥炸、脆炸、板炸、纸包炸、蛋白炸、油浸炸、油淋炸等等，台湾习见的炸排骨多属干炸、清炸、酥炸三种，均在油温七八成下锅。干炸和清炸都先腌渍原料，差别是前者下油锅时会先裹粉，如"玉林鸡腿大王"、"大福利排骨大王"；后者不拍粉也不上浆，像淡水老街的"义裕排骨"。酥炸则是原料先裹上一层酥炸粉，成品膨胀，表皮疏松香脆，里面鲜嫩多汁，日式炸猪排属之；这种酥炸粉也可以自己在家制作——将蛋清打成泡，再加入面粉。

　　油的热能是水的三倍，可以快速烹制食物。日本诗人长田弘有一首妙诗《语言的炸法》（コトバの揚げかた），喻作诗为油炸东西，前面几句是这样的：

じぶんのコトバであること。
手羽肉、腿肉、胸肉の
骨付きコトバであること。
まず關節の内がわに
サッと包丁を入れる。
いらない脂肪を殺ぎおとす。
皮と皮のあいだを开く。
厚い紙袋に
小麦粉とコトバを入れて
ガサガサと振る。
そして深い鍋にほうりこむ。
油を沸騰させておいて
じゅうぶんに火をとおす。
カラッと揚げることが

コトバは肝心なんだ。

长田弘强调必须使用自己的语言，必须使用有翅膀、腿肉、胸肉，还要有骨头的语言；从关节后面轻轻插入刀子，割除累赘的脂肪，打开皮，将面粉和语言一起上上下下摇振，再送入深锅中，充分加热炸熟。对语言而言，炸得酥脆最要紧。

油炸可以是一种掩盖手段，修饰不够新鲜的食材。试想，一块糟糕的肉片，先用嫩精改变其肌理口感，再以大量的盐、糖、胡椒粉和味精遮掩腐味，再送入油锅炸至熟透，以强烈的味觉元素满足舌头的感知系统；像不诚恳的嘴，使用大量的花言巧语，欺骗纯洁的耳朵。一旦我们习惯这种重口味，再也难以接受清淡、健康、木讷的本质。

我们期待健康美味的炸排骨，像期待真挚的人情。吉本·芭娜娜的小说《厨房》就通过一客美味的猪排饭，帮助樱井美影和雄一，发现了相互信靠的情爱，那客猪排饭，扮演了从期盼到发现、再到分享人生滋味的要角。

玉林鸡腿大王
地址：台北市中华路 1 段 114 巷 9 号
电话：(02) 2371-4920
营业时间：11:00—21:00 周一店休

田园台湾料理
地址：台北市东丰街 2 号
电话：(02) 2701-4641
营业时间：11:00—14:00，17:00—21:00 周一店休

大福利排骨大王
地址：台北市罗斯福路 3 段
　　　286 巷 12 号
电话：(02) 2365-1009
营业时间：11:00—20:30

客家小炒

鐵皮箱製的臺灣早期調味料罐，零巳酉西簠畫

客家小炒是台湾的客家女人所发明。英国人爱德尔在《客家人种志略》中断言：客家妇女是中国最优秀的劳动妇女典型……客家民族，是牛奶上的奶酪，这光辉至少有百分之七十，是应该属于客家妇女的。

这菜肴关系着祭祀。客家人祭拜神明准备的"三牲"，大抵是炸过的鸡、猪肉和干鱿鱼，宴请的神明既多，准备的食材就不能寒酸。客家妇女遂将祭拜后吃剩的猪肉切丝，鱿鱼泡软后也切丝，加上自家种的青葱，添入酱油，快火爆炒成咸香下饭的美食。

客家人的"三牲"和闽南人不同，闽南人用来拜土地公的"三牲"，除了煮熟的鸡和猪肉，多以鱼奉献。台湾民间信仰中的祭祀牲礼可粗分为生食、熟食，供奉生食表示关系较疏远，熟食则代表关系较熟稔。据此，客家小炒的前身带着亲切的意思。

这是一道很亲切的家常菜，台湾的客家餐馆都吃得到。客家人自然不会把自家这道专属的菜肴叫"客家小炒"，而且南北称谓不同，南部客家人称"炒鱿鱼"，可见以鱿鱼为主，猪肉丝仅是点缀，可有可无；北部客家人则唤"炒肉"或"小炒"，自然以猪肉为主角。后来，客家小炒逐渐演变，添加豆腐干、芹菜、辣椒、蒜苗、九层塔、虾米，展现不同的风貌。

台湾客家菜开始受重视是在八十年代之后，特别到了选举时，台湾的政治人物纷纷说自己是客家人，喜欢吃客家菜，号召族群认同的企图昭然若揭。

政客擅于操弄意识形态，历经几次大型选举，台湾社会已经被撕裂为两极化，彼此如水火般难容，这种现象非常卡通。搞到现在，恐怕只剩下饮食可以融合两极化的族群了，不管什么阵营、何种颜色，他们都信奉美食。例如蒋经国迷恋过名厨李阿树的"红烧下巴"，李登辉赞赏他的"清蒸牛腩"，宋楚瑜着迷"枣泥核桃糕"，林柏榕倾心"酱爆青蟹"，连俄国文豪索尔仁尼琴也深爱他烹制的北京烤鸭……

客家小炒的油咸香之美，很能表现客家味，严格说，其主角是五花肉和干鱿鱼，配角则是豆干、蒜苗、辣椒、芹菜。干鱿鱼要选肉厚、体型较大者，泡软后剪成小段。最难的工序就在泡鱿鱼，泡得太软，嚼劲全失；泡的时间太短，又明显歧视牙齿欠佳者。此外，切猪肉丝还有一点讲究：切的时候，猪皮要向着自己，不可向外。炒制时不可太省油，虽然重油爆炒有碍健康，油水不够却不免乏味；我建议起锅时，多余的油水不要装盘。

北部客家小炒常加芹菜，南部则不加芹菜，仅加蒜苗。受到闽南人影响，很多客家小炒竟加了糖，那甜味，其实背离了客家小炒的初衷。

我颇欣赏三峡"牧童遥指客家村"的"苗栗小炒"，因掌勺的头家娘[1]是苗栗人，于是她的小炒加了地名。这道客家名肴主角是猪肉片，鱿鱼只是配角；可那鱿鱼发得实在了得，香味完全释放——可能在于肉切成长薄片，有效地吸收了所有调料和配角的香味，口感非常精彩，迥异于一般店家的小炒切成肉丝。

苗栗铜锣乡"福欣园"的客家小炒例先切除猪肉的皮，然后和鱿鱼、葱段、辣椒、虾米齐炒，那鱿鱼泡得十分准确，充满嚼劲，却不会硬得咬断假牙，我猜想泡鱿鱼的水可能加了米酒，不然怎

---

[1] 即老板娘。

么如此香。比较特别的就是加了虾米，几种食材通力合作，将咸、香、油表现得可圈可点。是的，油，吃完了这道客家名肴，盘底犹汪着一层厚油。

苗栗公馆乡"鹤山饭馆"的客家小炒，在爆炒猪肉时亦先切掉猪皮。这是见仁见智的问题，去除猪皮求其口感和谐；留下猪皮，其嚼劲可和鱿鱼彼此唱和，像"酿香居"就留下猪皮，仍然好吃。

桃园平镇市"酿香居"的客家小炒，豆干很嫩，鱿鱼的嚼劲足，却丝毫不柴硬，鱿鱼味跟肉丝将蒜、葱、九层塔、辣椒的香味表现得淋漓尽致。"酿香居"是一家标榜怀旧的客家餐馆，无论摆饰、装潢都透露浓浓的怀旧味：挂在墙上的古老蓑衣、年代久远的电影海报、古董家具、复古橱柜、装饭的木桶……

"首乌客家小馆"有好几家分店，平镇市的店第一招牌自然还是何首乌鸡汤，超出预期的是，客家小炒毫不含糊，其他像封肉、焖鲫鱼、煎豆腐都令人吮指回味；此外，家乡面疙瘩可谓咸汤圆的变奏，创意佳，滋味赞。

富冈火车站前"信义饮食店"的客家小炒好吃的秘方是祖传香葱油，其香味不是一般用酱油调味所能比拟。此店最特别的名菜是姜丝炒粉肠，炒制的时间长，将粉肠炒得又干又香，迥异于一般的姜丝炒大肠。

台北华阴街"广东客家小馆"的客家小炒整体味道偏甜；豆干炸过，添入酥脆口感；鱿鱼显得硬，肉丝也有点柴，使芹菜、葱段的表现力不从心。

客家先民从唐宋起，大量辗转南迁，先在闽粤赣交界地区聚居，之后继续向南方及海外播衍，目前已有数千万客家人分布在世界各地，可谓有海水处即有客家人。"逢山必有客，无客不住山"，客家南迁后，不仅僻居山区，连到台湾也慢半拍，"后到为客"，好地方多被闽南人捷足先登了。适宜耕种的土地既狭，逼得要更勤俭、更简朴地过生活。地理上的大山屏障，形成文化边界，型塑族群性格。客家精神内涵非常丰富，团结，奋进，都是客家人的核心文化。

表现在饮食生活中，就带着一种封闭的特质，相对完整地保存了饮食习惯，形成了特殊的饮食文化景观，例如出现了许多既是菜肴又是主食的食品，形成了较具客家特色的野、粗、杂的传统吃法。

有一天和"饮食文学专题"课上的学生讨论客家小炒的经验，廖纯瑜说她婶婶做的客家小炒最好吃，秘诀是用米酒代替水来泡鱿鱼，炒制时用卤肉汁代替酱油。是的，卤肉汁当然比酱油香，用米酒泡发的鱿鱼也肯定比水泡的美味。

牧童遥指客家村
地址：台北县三峡镇中园街 126—21 号
电话：02—26728192
营业时间：平日 11:00—14:30，17:00—21:30
　　　　　假日 11:00—21:00

福欣园
地址：苗栗县铜锣乡福兴村中山路 62 号
电话：037—983345，981561
营业时间：11:00—14:30，17:00—21:00

酿香居
地址：桃园县平镇市平东路 25 号
电话：03—4608088
营业时间：09:00—21:00

首乌客家小馆
地址：桃园县平镇市南丰路 122 号
电话：03—4692979
营业时间：11:00—14:00，17:00—21:00

素美食

龍罐
臺灣早期茶具

和赵舜约在"玛汀妮芝"喝咖啡，到了咖啡店才知道他又中风住院了。这次比前两次严重，医生说从今往后要茹素。赵舜认识到一生的肉食配额已被自己暴食光了，坦然接受了往后的新生活。我看着他，好像在照镜子，于是决定在《饮食》杂志上制作一期素食专号，彼此互勉。

赵舜出院后，我约他在"青春之泉"晚餐，带着出发的意志和祝福，希望他又是一条好汉。当年"二鱼文化"成立茶会就在这里，希望来祝贺的朋友们吃些健康美味的点心；我爱"青春之泉"的地中海式蔬菜料理，更爱他们自制的豆花和优格。

像赵舜和我这种血脂、血压、血尿酸、血糖都高的肥仔，委实应该实行素食主义。素食比肉食健康，路人皆知；95% 以上的食物中毒乃肉类食品所造成。

贪吃如我，最在乎的并非动物伦理、环境保育，而是健康和美味。可惜目前美味的素餐馆不够多。我提出"素美食"概念，乃是因为台湾有很好的条件，可以发展成素美食天堂。

首先是继承了中华料理素味荤烧的绝佳技艺，此乃烹饪的想象力，有效开拓了素食的味觉领域，正面定义素食，让舌尖从呆板僵化的禁欲中解放。最近朱隽、林珊旭夫妇自加拿大返台，我们在"京园素食馆"聚餐。打开菜单，触目皆是荤菜名：烤鳗、烤方、糖醋鱼、鱼翅羹、香酥排骨、果律虾球、黄金鸭、左宗棠鸡、回锅肉、咕咾肉、九转肥肠、五味脆肠和鲜鱿……

"京园"价钱实惠，又很好吃。我特别欣赏他们以素食模拟肉类的功力，如"九层吉珍"以洋菇模拟鸡胗口感；臭豆腐风味极美，辣椒、香菇、毛豆合奏，纠正了臭豆腐依赖荤物的偏差；香椿卷饼好吃极了，现制的枣泥小酥饼亦是理想的饭后甜点。

　　台湾是移民社会，实不宜闷着头一天到晚强调本土意识，而应展现开放社会那种广纳百川的胸襟，有些素餐馆向异国料理汲取灵感，成效卓著，诸如"钰善阁"、"干凌坊"是怀石料理风格，"斐丽巴黎厅"、"SU 法式养生蔬食"、"哈里欧法式蔬食咖啡"是法式料理风，"快雪时晴"属意式滋味，"非常素"则是泰式料理，"水来青舍"展现庭园式魅力。

　　"水来青舍"在桃园县观音乡，是我近来很喜欢去的餐馆。青舍主人李文华、翁雪晴夫妻本来从事古董生意，长期的艺品生涯熏陶出卓越的生活品位，他们匠心经营古色古香的素餐馆。主建筑是一栋建于清代嘉庆年间的古宅，他们买下来之后，一砖一瓦拆解，运回台湾，再费三年时间组拼复原。除了这栋 60 坪、有 250 年历史的古屋，屋内还有一尊明代的大佛，立在大厅里刚刚好，比例、尺寸仿佛是专门特制来搭配此宅的；此外还有许多古董陈列在屋内，如各种古董桌、椅，连柜台的算盘都古意盎然，在在显现朴实简单之美。

　　往往是这样，才刚靠近它，就觉得心情敞亮：一道美丽的乡间小径穿过莲塘，穿过一座清代的门楼，忽然出现竹林掩映的白墙古宅。其实我对古董殊乏兴趣，坐在这种历史古迹中，品味美好的蔬食，光阴似乎停止了。如果有外国朋友来访，带到"食养山房"或"水来青舍"，肯定很有面子，也令对方印象深刻。

　　不仅用餐氛围佳，水来青舍的料理完全超出我的期待：生菜沙拉、手卷、焗番茄、三杯杏鲍菇、海苔包饭、火锅、芋泥、炸榴莲，无一不美，连自制泡菜（用盐、糯米糊、苹果、海带高汤腌渍）也颇为可口。

台湾社会正快速迈向老龄化，茹素更符合老年人的健康需求，我们往前看二十年，不难看到老人经济的前景。此外，台湾素食餐馆密度乃全球之最，素食人口超过两百万，足以支撑起素食经济体系。如果能用心制作美味经营餐馆，必定能吸引更多的肉食人口，产业的发展前景可以预测。

稍具水平的素食餐馆多讲究开胃茶，如"钰善阁"的养生茶，用刨丝再烧烤过的地瓜，加人参、甘草熬煮而成；"水来青舍"的好茶、"观世音素菜餐厅"加了罗汉果的麦茶……都远胜过一般餐馆随便提供的茶水。

然而，吃素并非都在吃斋念佛，很多素食自助餐馆随便播放佛经佛乐，严重干扰顾客用餐；用餐空间也不宜挂太多佛像，因为来消费的人不乏异教徒。拜托让我们清静、安心地吃饭。

素食较接近自然，爱默生说："跟随自然的脚步，秘密就在于耐心。"（Adopt the pace of nature, her secret is patient.）我真想要有一畦菜园，自己种植些香草蔬菜，常亲近阳光和大地，将农作物带回家里的厨房，略加烹调或干脆生吃。

我曾有一段时间茹素，觉得脾气似乎变得平和，生活的步调也缓慢了许多，也许是"心安茅屋稳，性定菜根香"吧，这大概也是大部分素食者的态度。

钰善阁

地址：台北市北平东路 14 号 1 楼
电话：02-23945155
营业时间：11:30-14:00，17:30-21:00

京园素食餐厅

地址：台北市松江路 330 巷 22 号
电话：02-25420713，25434309
营业时间：11:00-14:00，17:00-21:00

水来青舍

地址：桃园县观音乡大同村 12 邻下大崛
　　　55-5 号（新华路 2 段 442 号正对面）
电话：03-4989240
营业时间：10:00-21:00（19:30 后停止供餐），
　　　　　周一休息

海产店

我喜欢去离岛，大概是期待离岛的海鲜。可能实在太爱吃了，绿岛的餐馆虽然谈不上手艺，那里的鬼头刀、翻车鱼、飞鱼、炸海菜却令人怀念。

多年后回到金门，我几乎不敢相信"阿芬海产店"海产粥的美味，诗人庄美荣特别去市场买了新鲜的石狗公、丝丁鱼带来餐厅，前者煮汤，后者烧豆豉、油炸。金门菜市场常见的丝丁鱼，学名"龙头鱼"，白色透明，肉质柔嫩多水，骨头极软。我在金门住过十八个月，期间除了石蚵、黄鱼，并未察觉有什么了不起的食物。也许是因为军人吃喝多在军营，只有假日才可能到市街上觅食。每逢假日，金门街上都是兵，所有饮食店都门庭若市，根本不需要讲究风味、手艺，只要店中有一位妙龄女子，再难吃的东西也得排队购买。

台湾四面环海，海产乃台湾料理最重要的材料，因而海产店到处都有。这些海产店多无菜单，点餐例在门口陈列的冰柜或水族箱中物色，各种虾蟹，各类鲜鱼，以及海瓜子、山瓜子、螺、竹蛏、九孔等甲壳海产，应有尽有。做法以生食、清蒸、氽烫、油炸、爆炒为主。

像"深海食堂"这种只卖鱼，并无虾蟹、贝类的店并不多见，烹鱼来卖，能卖到远近驰名着实不易。这店可能是台中市最专业的鱼餐馆。老板陈泰隆是台东太麻里人，出自捕鱼世家，对鱼充满了热情；自幼累积的经验，令其能准确鉴别鱼的优劣。餐馆墙上有一幅放大的照片，里面是小时候的陈泰隆和同伴扛着一尾大鱼，笑容可掬的是他美丽的妈妈。

"深海食堂"强调鲜度，依季节渔获变化菜色，标榜养生、健康，选用的食材多来自未受污染的深海，诸如旗鱼、鬼头刀、黄鳍尾等等，其中又以旗鱼为主。货源是台东成功渔港和澎湖，陈老板的哥哥在成功渔港批发鱼货，总是会挑选最好的鱼给弟弟。尤其生鱼片，更严选当季当天的渔获。陈老板亲自料理，强调原味呈现，烹制的方式简单而清淡，我吃过凉拌野生寒天，鲜脆，甘甜；再比如鱼汤，只用蔬菜、鱼骨去熬煮，连柴鱼、昆布都不放，更不可能添加人工调味品。

令我难忘的是"白肉旗鱼生鱼片"，白肉旗鱼又称为"松坂旗鱼"，季节性分明，产季在 9 月至 12 月之间，捕到鱼后立即低温冷冻，不打一氧化碳，真空储存。白肉旗鱼切成厚片，一层层的油脂网络分布细密，委实是我见过最美的旗鱼肉，蘸现磨山葵、酱油，鲜甜度够，弹劲足。"深海食堂"的生鱼片，足令绝大部分的日本料理店惭愧；"煎深海鱼蛋"是芭蕉旗鱼（雨伞鱼）蛋，蘸黑胡椒咀嚼，酥香动人；外观似牛排的"黑胡椒剑旗鱼"和"鱼松饭"也非常迷人。至于"酱烧鱼头"，则属预定菜。"鬼头刀片锅"里面除了鬼头刀，还有青衣，汤头清澈，鱼片一涮即起，纯粹的鱼鲜令人眼前一亮。现打的鱼浆也是仅加入葱花提味，用小勺舀进汤锅里，变成小鱼丸，鲜美至极；光是这鱼丸，足以叫所有的火锅店汗颜。

台湾的夜市几乎都有海产店，却良莠不齐。在台北，我较偏爱辽宁街夜市的"小张龟山岛现捞海产"，店家宣称其海产每日下午皆由产地直接送来，招牌是深海鱼、蟹、虾母、甜虾、小龙虾等等，生甜虾虽非活虾，仍颇为甘美，连来自宜兰的空心菜亦十分可口。此店只有一人掌厨，手脚非常利落，又蒸又炒又烧烤，游刃有余地应付两层楼的食客。

大啖海产，不宜缺少白米饭，那碗饭宛如等待线条和颜色的画布，用来表现主题。保安街"榕树下阿锦海鲜店"的桂花鱼翅、卤豆仔鱼可谓镇店美食，豆仔鱼一份两尾，是用荫冬瓜、破布子卤煮到完全入味，鱼腹都怀着卵，鱼肉十分细嫩，入口就化。用麻竹笋丝、蛋、散翅、香菇、鳊鱼、虾米一起炒到干的桂花鱼翅亦是招牌。其他恐不值一提了，如白斩鸡就又贵又不好吃。最令人泄气的是白饭，太干又软硬不一，我怀疑掺了隔夜的剩饭。

有时我会独自驾车去基隆吃海产。"安一"海鲜店又名"五郎"，因为老板张木荣在家排行第五，此店从挑摊起家，直至现在还是每天清晨两点多即到崁仔顶鱼市选购优质海产。店内有一些口碑不错的菜需预定：炖河豚、甲鱼、鳗鱼火锅。寻常菜肴亦颇有水准："红糟鳗"色泽偏暗，胡椒、红糟、蒜所调出来的味道有一种平衡感，肉质结实而饱富弹劲，酥香，鲜甜，允为上品，一问之下，果然是采用野生活白鳗，入店后才宰杀；"炒鲨鱼皮"用黄豆豉、芹菜、葱段和辣椒快炒，那鱼皮很厚实，微辣的口感，软腴而充满弹性，送入嘴里，好像舌头之上又多了一块舌头；"煎旗鱼腹"用的是传统的台湾家常技法：以酱油、蒜苗、姜、辣椒煎制，油脂不多，口感扎实，咀嚼间仿佛回到了从前；只入滚水烫过的"角螺"，有效地留住了螺肉的滋味，蘸店家特调的酱汁吃，十分鲜美，一入口，忽然飘来海洋的气息。

北海岸"海龙珠"自有大停车场，卖场不小，有能力接待大批团客。门口的大型水族箱有各种活鱼、虾、蟹，门内的巨型冰柜摆

臺灣菜市場
所見厚殼蝦
己丑夏蕭和玉

满了海产，流动率很高。客人也很多，原因是平价，物美而价廉永远是生意兴旺的准则。虽曰海产店，以海鲜为号召，这里的盐焗鸡鲜嫩多汁，点食率也颇高。招牌之一是龙虾料理，几乎每一桌都不会错过。龙虾可谓台湾海产店的标准配备，或清蒸或生吃，虾头则多用来煮味噌汤，此店较特别，做成"龙虾三明治"。"烤鱼排刺"亦是主力招牌，用的是潮鲷，每一片都连着整排明刺，先炸再烤，重口味，啃骨头般，若大口喝啤酒，肯定饶富兴味。

我心仪的海产店多得数不完，从童年到中年，简单质朴的海产越来越难求，我们的海洋也快速衰老，从前跣足在沙滩往往会邂逅螃蟹、海星，现在得穿鞋避免被碎玻璃或针头刺伤。我生长在高雄市，海是生活的一部分，旗津街是吃海产的好所在，海滩更是把马子的绝佳地方。"旗后活海鲜"和"文进活海产"都是我的旧爱。

小港"亚洲海产店"则是我的新欢。海产店最要紧的美德，是所有的海产必须新鲜，船钓又优于网捞，"亚洲海产店"选用本地海产，又多来自海钓船，其货品之鲜度常处于最佳状态，无论生鱼片、蟹、虾、贝、螺，都透露出一种海洋气息，质朴而简单。多年前，几个朋友到高雄餐旅学院开会，林清财教授设宴于此，可能是这里的海产实在太赞了，同桌一起吃一顿就成为好朋友，林清财、孙大川、廖炳惠就是如此。

最近去上海，陈思和、栾梅健宴于"东莱·海上"，这是一家胶东菜馆，以海鲜为主调，我对鲨鱼皮、活海参刺身、蒿杆炒海肠、海蛎豆腐锅、海翁螺头烧肉都印象深刻，尤其清蒸野生鲳鱼，非常迷人。吃胶东海鲜时，点了一瓶"张裕雷司令干葡萄酒"，看酒标才知道"雷司令"是葡萄酒品种 Riesling，"干"即 dry，虽是 Riesling，这款白葡萄酒却不甜，颇适合搭配海鲜。山东生产品质这么优的白葡萄酒，令人惊异。这给了台湾的海产店和农村酒庄的经营者一个启示：除了啤酒，不妨供应一些白葡萄酒。

喝白葡萄酒不能不考虑用餐环境，我一心向往的海产店，是可以右手吃海鲜、左手玩海水的情境，餐馆或许坐落在港边，瞭望海景；或许就建筑于海面上，感觉像置身摇荡的甲板上，边吃边在海涛声中鼓荡着想象和情感。

三叔生前喜欢邀我们到南寮渔港吃海鲜，有时也买一些海产回去自己烹调。南寮渔港废弃多年后，现在摇身一变，装扮成休闲渔港，渔产品直销中心也赶集般摩肩接踵，外面的大草坪、观景楼、许愿钟、餐馆等各类建筑都以蓝、白色为主。到了假日，从白天到夜晚，这里总是拥挤着欢笑的脸孔，喝咖啡，放风筝，骑单车，散步。

南寮渔港的海产店得天独厚，像"地中海景观餐厅"即坐落于旧港湾，乃旧渔会办公室改装，最大的卖点是能眺望海景，餐馆外形像一艘蓝白相间的游轮，并漆上"地中海一号"的字样，带着混搭的异国风情。店主颇有气魄，将餐馆周遭布置得相当优雅，植有棕榈树的木桥栈道、灯饰、遮阳伞，吸引了很多新人来这里拍婚纱照。店内除了庞大的水族柜，还有酒吧，供应现榨果汁和调酒。卖场大，也十分嘈杂，大厅、包厢、宴会厅、露天座位，都有服务员在忙进忙出。

我带着幼女双双在草坪上放风筝，她兴奋的笑声灿烂了挂着夕阳的天空，令人想疼惜万物，珍爱身旁的人。饱餐一顿海产后，再和她搭乘天鹅造型的脚踏船，荡漾在旧港湾，一轮明月刚好挂在许愿钟的上方。

亚洲海产店

地址：高雄市小港区宏平路 412 号

电话：07-8030240

营业时间：10:00—14:00，16:00—24:00

深海食堂

地址：台中市西区美村路 1 段 94 号

电话：04-23262649

营业时间：11:00—14:00，17:00—22:00

地中海景观餐厅

地址：新竹市南寮街 241 号

电话：03-5368688

营业时间：10:00—23:00

小张龟山岛现捞海产

地址：台北市辽宁街 73 号

电话：(M) 0927-808693

营业时间：16:30—01:00

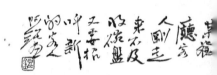

土鸡城

在台湾，只要略有风景的地方，总是会冒出各种名目的"土鸡城"，卖的多是鸡膳，外加一点山产，带着些许野趣。从南到北，我吃过不少土鸡城，多半面貌模糊，鲜能留下印象。

明明是卖土鸡山产的吃食店，偏偏却叫"城"，料想这个字眼是这样产生的：最初某个像水库这样的风景区，忽然群聚了若干专卖土鸡、山产的小吃店，这些店家比邻如聚落中之城郭。只木栅猫空一带，怕有上百家土鸡店，俨然形成饮食店的城邦。从前假日休闲，朋友们常吆喝去猫空登山，喝茶，吃土鸡、山产。可我老觉得那些鸡多不太"土"，一吃就知道，分明是缺乏运动的肌理。

"野山土鸡园"单独坐落在老泉里山上，很有特立独行的气魄，熟知者少，生意自然没有猫空的集体气势。然而这家店好像会黏人，吃过一次以后，可能就会有"除却巫山不是云"的感叹；我来了一次，就不曾再去别家。我在木栅混了二十年，最后定于一尊，喜欢带朋友来这里吃饭，来过的朋友也都认为，在方圆几公里的超过一百家店中，这里料理第一，视野第一。

犹记得 SARS 在台北蔓延期间，大家多闷在屋子里不太敢出门。每逢假日，我就带家人上山"放风"，在山径间随意走走，流点汗，再到"野山土鸡园"吃饭，俯瞰台北市华灯初上，在我们眼前灿烂；山风吹来，带着草木的气味。在救护车日夜尖叫的危城，这里予人一种安全感。

木栅老泉里最出名的大概是杏花林，两甲地的休闲农场，植满杏花、樱花，春天时一起怒放，有一种慑人的气势。上山时，过了往杏花林的岔路，继续在山路上弯来弯去，不久就会看到"野山土鸡园"的招牌，店招对面是一间土地公祠，旁边一条小径往优剧场，沿途绑着许多登山布条，可去往老坑山、杏花林。担心会吃太多的人，不妨散步山径，先消耗热能，再饱餐一顿。

大凡料理，食材最要紧，新鲜、干净的好食材，经过高厨细心烹调就是美食了。"野山土鸡园"的土鸡是自己养的，蔬菜是自己种的，老板高智俊先生的厨艺也了得，好吃，是天经地义般的事。白斩鸡最能吃出鸡肉的原味，我每次必点一盘，品味纯粹之美。那白斩鸡的做法，乃是先煮5分钟，熄火，续焖25分钟。

好鸡传遍附近的山区，我知道猫空有一些店家设法要买他们养的鸡，却因数量实在太有限，无法供应其他业者。有一次老板的弟弟高玉璋郑重地说，"我家养的鸡，晚上都飞到树上睡觉"，表情充满了骄傲。

往往是这样：我明明知道已经点了一大盘白斩鸡，其实喝一点竹笋、菜脯煮汤比较适合，却还是不由自主地点食鸡汤。鸡汤到处都有，也普遍受欢迎。此店的鸡汤种类多，包括菜脯竹笋鸡、凤梨苦瓜鸡、山药鸡、羊奶头鸡、蒜头鸡、香菇鸡、麻油鸡、烧酒鸡、金针鸡、人参鸡……尤其是从山径散步下来，那汤一碗又一碗地灌下肚，觉得酣畅淋漓。

山鸡加天然山泉水煮汤，甘甜中带点奢华感，同煮的材料也都是健康食物。那鸡汤若在露天食用，又充满野趣。阿俊煮鸡汤颇富想象力，有一次我点食烧酒鸡，他竟在汤里搁了几片罗勒叶，使刚烈的汤散发出意想不到的柔情。

来到这里，不妨多吃点鸡肉，诸如"三杯鸡"。做法很简单，几乎是乡野餐馆的基本菜品。所谓三杯，指的是米酒、酱油、麻油各一杯，加糖、大蒜、辣椒、老姜调味煮材料，待酱汁快收干，起锅前加九层塔拌炒即成。烹调手段如此，可选择不同食材。除了三杯鸡，这里尚有三杯软丝、三杯田鸡、三杯山猪、三杯竹鸡，我都觉得不错。

青菜不宜过度烹调，水煮跟生吃一样都太依赖酱汁。深锅快炒是我较接受的方法，由于火力集中，迅速翻炒几下即成，可有效挽留爽脆、鲜甜的口感。来到"野山"，不能错过野菜，所有的野菜皆是自产，完全不喷洒任何农药，予人健康、安全、自然之感，不知是不是心理作用，我总觉得这里的农产品特别甘美。喜欢吃菜蔬的朋友来到这里，往往兴奋之情溢于言表，最少都会点食三大盘不同的菜，我常吃的蔬菜包括炒红葱、红冠菜、山茼蒿、槟榔花、山芹菜、山苏、地瓜叶、川七。

夏天的时候，我都会感受到一种召唤，召唤我上山吃绿竹笋。阿俊种的绿竹笋不算多，也无暇参加比赛，可那笋真甜，真鲜，真脆，带着仰承天地甘露的气息。

吃了清淡的菜蔬，再品尝盐酥类。油炸不见得是容易的事，我曾在一家颇为知名的餐馆吃其招牌"黄金软壳蟹"，全然没了螃蟹的鲜美，只余呆滞的腥味，境界远远不如"野山土鸡园"的炸溪虾。炸溪虾虽然是寻常小吃，"野山"做起来也绝不马虎，每一只都裹上太白粉，在大油锅里炸到酥脆，风味甚佳，很适合下酒。重点在那一大锅炸油，乃是自榨的猪油。原来高智俊的阿嬷专卖黑毛猪，猪油取得方便，制作又一丝不苟。这里的盐酥类食物不少，我还尝过溪哥、龙珠、蟋蟀、香鱼、田鸡、肥肠、咸猪肉，常来的朋友，不妨偶尔变换口味。我最推荐的是"香酥白鲳"。

山里的农家，最响亮的招牌菜之一竟是炸白鲳，口耳相传，熟客来店里必先预订。先预订，店家才会大清早下山，严选最美的深海白鲳，每条约两斤，肉质甜美细致，身材肥得逼人屏息。我在台北市的餐厅吃白鲳这么多年，尚不易见到如此白白胖胖的尤物。我有时进厨房，看阿俊将那尤物裹上太白粉，手抓住鱼尾，垂直浸入油锅，慢慢地，好像在试探温度，惟恐鱼烫伤；务令划刀的鱼肉如花绽开，并避免鱼直接沉沦锅底，一切都是考虑到美味。

白鲳巩固了我的美学观念：肥胖、硕大即是美。大部分的动物过度肥大反而不好吃，如猪、鸡、鸭、海鳗……惟有白鲳，一反好莱坞式的厌食症美学，提倡正宗而传统的肥胖美。

最佳的饭后甜点是炸地瓜。我算是吃过不少炸地瓜了，无论炸地瓜球、薯条、拔丝地瓜，都远远不如切大薄片油炸。以脆酥粉、太白粉和蛋调匀的薄面衣，油炸后呈金黄色膨胀，香甜酥脆，颇能表现地瓜之美。我有时会刻意多点两份带回家，冷掉了没关系，用烤箱稍微加热即恢复美味。

"野山土鸡园"其实是躬耕于山里的农户，刚好农产品多，农夫的厨艺又精湛，他的太太儿女都能帮忙外场，我们才有福气享受到充满大自然风情的美味。老板知道我喜欢吃一点辣椒，只要不太忙，我每次去他总是现炒一碟朝天椒来。辣椒之香，经过热油和大蒜爆炒，拼了老命也要挥汗多吃几口。

石冈乡"仙塘迹农园餐厅"四面环山，风景优美，在户外区吃饭，可以欣赏山野景色；不过夏天时苍蝇飞来飞去，须时常挥赶，不免恼人。此店的菜色大抵是客家风味。白饭掺地瓜块煮，在大自然美景中被山风吹拂，吃香喷喷的地瓜饭最为适配。有些名菜常令我想念："紫苏虾仁"虾仁馅颇新鲜扎实，外层用紫苏叶包裹油炸，调味清淡，相当美味；"白斩鸡"使用阉鸡，附橘酱，那肥鸡带着厚厚的油脂，烹煮时火候控制准确，大块鸡胸肉亦不显柴。"梅汁过猫"上覆海苔，所浇淋的梅汁味道很美。

山中不免多蚊虫，台中大坑"红瑛庭园餐厅"小黑蚊很多，我来到餐馆，服务员就递来一瓶樟脑油。原先我不以为意，没想到才几分钟就被蚊子叮咬得奇痒难耐。此店的白斩土鸡很好吃，真正的土鸡，真正的山野滋味。据说老板从鸡市场挑选健康活泼的鸡回来饲养，会经过瘦身阶段之后才宰杀，如此这般，鸡肉才不显得油腻。既然来到山里吃饭，不妨多吃点野菜，或砂锅鱼头。店家都会赠送来客一盘炸地瓜球，虽然是赠品，美味却不打折扣。

天母山腰间的"古厝茶缘"令我想起大学时租住的阳明山农舍。入口处挂着四个红灯笼，上面写着餐馆的名字，沿石阶走下，可见山壁隙罅的蕨草；过一道架在干溪道上的小桥，桥上挂着一排种植花草的铝制水壶；再拾级而上，即是这家旧农舍改装的餐馆，店家刻意布置出乡村风情：竹材和木质桌椅，古老的家具、炉灶和装饰，大部分座位在户外，借景山林，浓厚的大自然氛围，提供泡茶、吃饭、休憩的所在。门联上书"阿母办桌手路菜"，猜想简母原来是办桌师傅。食物颇为好吃，以台菜、客家菜为主，我最惊艳的是麻油猴头菇和煎白带鱼，那猴头菇经油炸去除水分后，再用麻油和姜爆香，加入米酒、枸杞略煮，香甜美妙，竟带着鲍鱼的口感。白带鱼煎得赤熟如油炸，有效挽留了鱼汁，十分鲜美。此外芥菜鸡汤、焢肉、熏鸡、咸猪肉、山苦瓜炒咸蛋和清炒山茼蒿、水莲都很有意思。

大岗山"雷达观景土鸡城"可俯瞰高雄、台南，近处的稻田，远处的中山高、南二高、高铁，还有更远处的海峡。此店的鸡膳颇为精彩，如白斩、盐焗、三杯、豆乳，还有九尾鸡汤、剥皮辣椒鸡汤、羊肉炉、蒜头麻油面线。在这里吃鸡，会想要饮酒，和好朋友痛快畅饮。

在台湾，哪个风光明媚的所在没有土鸡城？阳明山、观音山、乌来、三峡、金瓜石、虎头山、关仔岭、柴山、月世界、阿公店、石门水库、曾文水库……我去过的土鸡城皆有亲友同行，每一餐都留下值得追忆的故事。土鸡城是台湾人的餐饮创意——在景色秀丽的地方，整理自己的家园，经营起小吃店，一定卖鸡肉，也卖青蔬野菜；也多提供卡拉OK给大家欢唱，欢迎来客自行携带茶叶泡茶，品茗，欣赏美景……表现的是台湾人靠山吃山的机灵，和生猛有力的文化性格。

野山土鸡园
地址：台北市文山区老泉街26巷9号
电话：(02) 2937-9437、2939-0648
营业时间：周一至周五 16:00—22:00，
　　　　　节假日 11:00—23:00

古厝茶缘
地址：台北市天母东山路25巷81弄29号
电话：(02) 2873-1081
营业时间：11:30—24:00，周一休息

仙塘迹农园餐厅
地址：台中县石冈乡万仙街仙塘坪巷2号
电话：04-25810695、25823023
营业时间：11:30—14:00，17:00—20:30

红瑛庭园餐厅
地址：台中市大坑里东山路2段
　　　光西巷75-1号
电话：04-22398203、24391452
营业时间：11:00—22:00

雷达观景土鸡城
地址：高雄县田寮乡南安村岗安
　　　路100-14号
电话：07-6361916
营业时间：08:00—23:00

金门高粱酒

酒，金门酒廠出品的高粱連銷售特佳。飯
店民萘酒特壹許可証，即可販賣此
臺灣早期敢仔店只要能申请到

金門高粱酒

我对金门高粱酒用情甚深。

台湾的烟酒公卖之后,除了烟酒公卖局的酒厂,只有金门酒厂、马祖酒厂合法,后者的高粱酒知名度远不如前者。

金门高粱酒的历史很短,创始人是叶华成先生,先是酿米酒失败,后来研发的高粱酒竟意外成功,1950 年遂在自宅成立"金城酒厂"。当时的防卫司令兼福建省主席胡琏将军尝到这佳酿,乃请叶华成结束私营酿酒坊,到军设的"九龙江酒厂"任技术课长。四年后九龙江酒厂易名"金门酒厂",1998 年改制为"金酒公司"。

金门高粱酒最为人所乐道的,是用该岛特产的旱地高粱和旧金城的"宝月泉"水所酿造。酿造之初,先以磨碎的小麦做酒曲,糖化淀粉,再和以高粱和大麦,温控发酵。从金门酒厂到金酒公司,我算是忠实客户,三十几年来,持续喝高粱,几乎喝遍他们家的产品,包括迎宾酒、白金龙、黄龙酒、金刚酒、益寿酒、龙凤酒和各种纪念酒,尤其迷恋"陈高"。

"陈高"即陈年金门高粱酒,可谓极品高粱酒,是我最喜爱的酒之一,只用来款待"剖腹来相见"的汉子。此酒在地窖中存放五年以上,待熟陈才取出灌装,使原来的辛辣味酯化得更醇厚更圆融。

我和金门高粱酒相识于生命中最应疼惜的青春年华,那是 1977 年,部队移防金门后即驻扎坑道里,那花岗岩坑道冬暖夏凉,可惜潮湿得要命,岩壁顶部和四面不断渗着水,涓滴汇成地面上的水流,每天都觉得像泡在水里,棉被、枕头、衣物、文件……统统都是湿的。老士官长告诫:长期生活在这种地方容易罹患风湿、关节炎,预防之道是睡前喝一小杯高粱酒。在金门的十八个月我大致遵循,渐渐培养出一点酒量,并练就了一身酒胆,以及划酒拳的功力。

金门高粱酒之美在于纯粹，不掺香料的纯粹美感。我对大陆一些名酒不甚了了，近年爱上的"红星二锅头"亦以高粱为原料，按传统工艺发酵，经清蒸、清烧，长期贮存而成，酒质清亮透明，爽净、刚烈、浓醇，同属一样的纯粹美学，一样深具穿透力，才入嘴，即升起一股暖流，仿佛立刻舒筋活血。

金门高粱酒炮弹般的刚烈性格，坚强地陪伴我度过了一段痛苦的岁月，并安慰了我忧郁落寞的青年时代。

服兵役的男子，尤其是在离岛服兵役，分隔日久，女友难免会移情别恋，失恋似乎是兵营里的集体经验。我服役半年后发现已被深爱的女友所抛弃，顿时万念俱灰，每天沮丧得不想醒来，乃学习借酒浇愁。不知有多少个夜晚，我躺在花岗岩上，听炮弹在头顶上呼啸，以及断续从外面传来的心颤喊话。总是在深夜，我吞泪灌高粱，幻想醉后能豁达地忘掉一切，或醒来还能再次见到她。如今追忆，我结识金门高粱酒之始，竟带着养身疗效和精神卫生的功能。

在金门肯定喝了不少，退伍时，那个军用大背包里装的几乎全是高粱酒。运输舰返抵高雄港已经半夜，我激动地站在甲板上，缓缓靠近港口灿烂的灯光。

运输舰在集体的等待中打开舱口，退伍的人潮蜂拥而出。我从船舱跃向码头时，一度犹豫，忽然想到阿姆斯壮登陆月球好像是先用左脚着陆；我终于回到家乡，第一步究竟用左脚着地比较好？抑或右脚？踟蹰间两旁的退伍军人纷纷跃上码头，迈着兴奋的脚步快意奔跑。再也来不及思索左脚或右脚了，公平起见，我两脚同时跃上高雄港的陆地，背着几十瓶高粱酒在码头狂奔。

我在金门痛饮高粱最厉害的一次是遭营辅导长、副连长恶整后，一时悲愤难抑，遂自动步枪上膛，带着两颗手榴弹冲出去欲干掉他们。我的同袍、和我友谊最笃的何兢武死扯活拖，把我拉去灌高粱酒。我清楚记得喝到烂醉的深夜，如何狂吐又如何爬回坑道，却不记得高粱酒如何浇熄我的怒火。小武退役没多久即移民美国，不知何时还能与他共饮高粱……

好像还是昨天的事，我数次重游这座花岗岩岛，看到那些参与过的工事，仍不免感慨。我在那里服兵役期间，常带着十字镐凿掘各种工事，无论战壕或野战医院，那花岗岩就是硬得凿不动半寸。

金门高粱酒一开始即以战争英雄岛的形象包装营销，有些酒瓶甚至设计成莒光楼、炮台型。我爱它酒色清净，酒味浓烈，带着花岗岩般的形容，强硬、浑厚、刚毅、均匀，且个性分明。我建议金门县政府将叶华成先生的生辰定为高粱酒节，全岛放假一天。

太阳饼

台中市是太阳饼的故乡。太阳饼在这里发明，成为人们的礼品，如今已风行全世界。

从前我们在纵贯线旅行，路过台中总会暂停休息，总是有人吆喝："台中到啰，台中到啰，人客免着惊，太阳饼款一盒才行。"那种好滋味，陪伴好几代人一起成长，形成台湾人的集体记忆。我常想，台铁欲强化竞争力，不妨从饮食方面着力，让每一个地方的月台便当都有自己的特色，若台中月台的铁路便当能附赠一块太阳饼或凤梨酥，肯定让许多人原谅便当的内容。在我们居住的球体上，还有比太阳饼或凤梨酥更好的伴手礼吗？

太阳饼发明的四十年代末，物质困乏，通货膨胀严重，台币刚改制，糕饼是富裕人家才有的零嘴点心。做法是用面粉和奶油搅拌，内馅多为麦芽糖或蜂蜜调制。太阳饼又叫"酥饼"，是一种甜馅薄饼，皮要薄，馅要软，咬下去要酥香甜蜜。由于软馅属基本动作，买回家以后千万别放进冰箱，否则内馅僵硬矣。至于皮，制作技巧在其层数，每一层都极薄，又能入口化掉。

从高速公路下来，中港路上林立着太阳饼店，几乎每一家都宣称是"太阳堂老店"、"自由路太阳堂"，都标榜自己才是正宗，真正继承了道统。

"太阳堂"是全天下模仿的对象，不过真正的太阳饼老店仅此一家，别无分号，而且从来不宣传，只靠口碑就名闻天下，它的太阳饼表皮加了猪油揉面团，内馅则是麦芽糖调制，却不会粘牙。

台中的朋友总是提醒："记得是自由路 2 段 23 号，223，很好记。不然你就认明里面有向日葵的马赛克壁画。"太阳饼是理想的茶食，泡茶品咖啡或早餐喝牛奶，佐太阳饼，是对味觉的赞美。学生靖婷从台中回学校，带来一盒"阿明师老店太阳堂"的太阳饼，说是谢谢我推荐她申请到理想的学校，特地买了"我觉得比较好吃且是正牌老店的太阳饼"。

"阿明师老店"和太阳堂只隔了几间店面，竞争之激烈可以想见。此店信誓旦旦地说太阳饼是阿明师发明的，现在由他的义子林祺海经营，据说其饼皮有120层，技艺高深，我虽然常吃，却不曾认真数过，也不计较那120层饼皮到底薄到什么地步。糖馅是麦芽加蜂蜜，好像加了猪油，口感相当细致。

太阳饼的历史虽短，却不乏起源传说，其一是农业社会的订婚礼俗，媒人提亲订结婚日期，带着圆形的甜饼当伴手礼，人们遂因饼的外形称之为"日头饼"；其二，太阳饼圆形的外表中间，常盖有店家红色店印，形似太阳。"阿明师老店"太阳饼的包装纸上印着一段太阳饼简史，谓阿明师（魏清海）在1949年创立"元明商店"于北屯，乃第一家太阳堂饼店；1953年，太阳堂饼店成立于继光街与民权路上，后来迁移到自由路。我知道魏清海先生曾是"太阳堂饼店"的糕饼师傅，太阳饼有可能是他任职期间所研发出来的。无论如何，数十年来自由路汇集了许多烘焙业者，已经形成一条美丽的太阳饼街。

我的太阳饼经验，因而带着比较的眼光——"太阳堂"太阳饼的饼皮有一种酥脆感，内馅较结实；"阿明师"太阳饼的饼皮较厚；"嘉味轩"鲜奶太阳饼的饼皮较薄，内馅较饱足，较绵软。

"太阳堂"最低调，好像从不做广告，亦不营销，每天打开店门就有络绎不绝的买饼者。价钱上以太阳堂最便宜，一盒十个150元；阿明师一盒200元；嘉味轩个头最大，一盒220元。

现代人讲究低糖低脂，好饼都不会甜得腻人。不过，离开台中市，好像难觅好样的太阳饼，除了丰原"雪花斋"。我去老雪花斋，除了买雪花饼、咸蛋糕，也会吃吃他们的太阳饼。

闹得沸沸扬扬的毒奶事件，似乎并未影响到台中的太阳饼，最近我去"太阳堂"、"嘉味轩"、"阿明师"、"卡但屋"买饼吃，感觉生意还是一样旺，但愿台湾的经济体质能像台中的太阳饼一样优，勇健地度过风暴。

太阳饼是台中人的成就，是台湾人的骄傲，建议台中市政府妥善规划，每年固定择期在自由路上办太阳饼节，举行各种赛事、品尝活动，以嘉年华般的庆典，鼓舞糕饼业者和茶、咖啡商家，并再度繁荣旧市区。

太阳堂饼店
地址：台中市中区自由路 2 段 23 号
电话：(04) 2222-2662
营业时间：08:30-20:00

嘉味轩
地址：台中市模范街 12 巷 5 号
电话：(04) 2301-2180
营业时间：周一至周六 09:00-22:30
　　　　　周日 09:00-14:00

阿明师老店
地址：台中市中区自由路 2 段 11 号
电话：(04) 2227-4007
营业时间：08:00-22:30

凤
梨
酥

基隆廟口
李仔鵠
鳳梨酥
是我兒時
的最愛
鯤

凤梨酥是台式伴手礼,我出国都带着它,这种习惯总是被家人笑缺乏创意,每次都送一样的东西,说自己喜欢吃,还要逼朋友吃。

我住木栅十几年,自食、送礼总是木栅路"麦园"和猫空"天恩宫"的凤梨酥,前者皮薄馅厚,后者皮厚馅料较少。在凤梨酥的启蒙时代,这已经是不错的选择。

料想凤梨酥的源头是作订婚喜饼用的"凤梨饼",一种大而圆的饼,内馅自然是凤梨膏,近半世纪才逐渐演变成现在这款样子。如今市面上制作凤梨酥,多名不副实,鲜见使用凤梨果肉制作,大部分用冬瓜膏、凤梨香精混充。

我很幸运,迁居罗斯福路后,芳邻有全台北我最欣赏的"得记"凤梨酥。"得记"很厉害,各种烘焙品皆美,其凤梨酥虽是凤梨酱掺冬瓜膏,却调味高明、精细,那凸起几排粒状的表皮极酥,却入嘴就松散,内馅随即开启不可思议的香甜,含蓄而内敛的微甜。

"得记"在台大对面,算是台北的老糕饼店了,创业四十八年来,所制面包型塑了台大人的集体记忆。凤梨酥的制法是先煮过内馅,接着以面皮包裹馅料定型,再烘烤即成。其原料不外乎凤梨酱、冬瓜膏、面粉、奶油、蛋、糖,关键在原料的比例,及烘烤火候。加蛋是为了增加外皮的酥度和光泽,优质的成品得外皮酥,内馅不可腻。

好吃的凤梨酥表皮要够酥,却不能逼近脆的地步,这样才会具备香酥感,又能入口化掉。内馅必须柔软,带着凤梨果肉的甜和酸,甜度不可放纵,其中分寸拿捏存乎一心。例如"费太太"、"世运"的凤梨酥外皮酥实,奶味浓,可惜内馅过甜。再则,"王师父饼铺"的凤梨酥皮薄馅厚,风味甚佳,可惜包装不良又浪费纸浆,那凤梨酥紧实地塞在硬纸盒里,要完整取出并不容易,待取出时酥脆的外皮碎裂矣。可见凤梨酥虽属小道，要真正做好亦非易事。

　　奶味那么浓，实非凤梨酥正道，新庄老街"老顺香饼店"的凤梨酥就没那么浓的奶味，外形呈扁平状，甚薄，饼皮因涂上蛋液再烘焙而澄亮；皮和凤梨馅的比例约1∶1，馅微酸，微甜，风味很好，而且每个10元。

　　凤梨酥的发源地在台中，发明的时间早于太阳饼。台中的凤梨酥像一把烘焙的圣火，甜蜜地传遍全台湾，成为台湾人出国常带的伴手礼。现在各地皆有好凤梨酥，诸如"口出"、"咕咕霍夫"、"旧振南"、"颜新发"、"玉珍斋"、"维格"、"佳德"、"小潘"、"梨记"……

　　论全台优质凤梨酥，台中无疑是一哥。名气最大、人气最旺的

可能是"俊美"和"联翔",两家的凤梨酥都有明星般的魅力。俊美所制大概是个头最小的,不过味道真好。联翔的凤梨酥三代同堂,第一代是方形,用透明薄塑料包裹,简单素朴,每个12元;第二代"金旺来"凤梨酥,改用纸盒包装,每个28元;到了第三代叫"富贵满堂",包装愈精致,个头比一般凤梨酥大一倍,每个40元,呈椭圆形,有松子、蛋黄两种口味,令蛋黄、松子的口感和香气介入凤梨酥中。联翔的改变,象征着凤梨酥的发展趋势。

我最心仪的凤梨酥是"日出"、"咕咕霍夫"和"嘉味轩"。"嘉味轩"的产品内馅选用关庙凤梨,掺有松子,并添加龙眼花蜜调味。胡志强真会行销台中市,马英九到台中听波伽利演唱会,胡市长赠送嘉味轩凤梨酥,李泽楷、成龙到台中,也都获赠此酥。这家店成立二十年了,迩来竟一夕爆红。

"日出"的土凤梨酥有别于一般方形凤梨酥,而是制成圆形,内馅用二号土凤梨,未添加香精。自从凤梨有了各种"改良"品种,一种比一种甜蜜,却越来越缺乏凤梨味。二号土凤梨俗称"二号仔",其成长过程不使用营养剂和荷尔蒙,最能表现台湾的凤梨本色,香、酸、甜,甜而不腻,是凤梨应该有的清香。新鲜的果肉,清楚的果酸,店家说它"近似一种热带岛屿的气息"。是的,我就爱这种老老实实的凤梨酥,坚持用新鲜凤梨,削皮、切块、打汁、熬煮,不用罐头制品,不用化学香精,不油腻,展现隽永的美学。我们若在台中,每天能吃一块"日出"的土凤梨酥,喝一杯"欧舍"咖啡,时光便会变得悠长、浪漫,生活仿佛有了全然不同的意义。

这几年,凤梨酥不仅形状多变,内容也琳琅满目。台中"金陵蛋糕"的特制凤梨酥个头大,上面铺着杏仁片,每一块都用金色铝箔纸包装，外加金色纸盒，显得十分贵气，因此成为郑重的礼物。金陵凤梨酥包装盒上注有"汪"记，原来是创业董事长的姓，他原先经营餐馆，跨足烘焙业也很成功，此店乃中部鲜奶蛋糕的创始店。

台北"一之轩"研发的新产品"皇家松露凤梨酥"，外皮加了松仁、菠萝巧克力，口感接近蛋糕，内馅颇甜，用外皮的微咸加以修饰。有天，研究生刘芳瑜送我一个，十分美味，当即买了几个回家，打算和两个女儿品尝，不留神竟被提早返家的老婆一口气全部吃光。可惜这种凤梨酥颇贵，小小一个要价 50 元。

如今凤梨酥已加入泡菜、乳酪、竹炭、松子、抹茶粉、XO 酱、巧克力等诸类馅料，有点不伦不类。加了哈密瓜、樱桃、龙眼干、栗子、蔓越梅等馅料固无不可，然而还能叫"凤梨酥"吗？

日出
地址：台中市五权西三街 43 号
电话：(04) 23761135
营业时间：10:00—21:00

咕咕霍夫
地址：台中市美村路 1 段 68 号
电话：(04) 23297329
营业时间：09:00—21:00

嘉味轩
地址：台中市模范街 12 巷 5 号
电话：(04) 23012180
营业时间：周一至周六 09:00—22:30
　　　　　周日 09:00—14:00

得记
地址：台北市罗斯福路 4 段 26 号
电话：(02) 23673611
营业时间：07:00—22:00

老顺香饼店
地址：台北县新庄市新庄路 341 号
电话：(02) 29921639，29921679
营业时间：09:00—24:00

冰
淇
淋

想在父母古早時候的消夏解暑，唯一便是黑松汽水及黑松沙士。當年我倆常到隔壁雜貨店購買，那時大家住在鄉下……所記。

牵着幺女双双走在淡水老街，加入围观的人群，看一个老外在卖"土耳其冰淇淋"，游戏的成分似乎高于品尝的成分。双双说她也要玩，那老外用长勺装好冰淇淋递过来，却总是在你伸手拿取时，那球冰淇淋变戏法般忽左忽右忽上忽下，玩得消费者尴尬又莞尔。

冰淇淋总是带着欢乐性质，不知为什么，吃完冰淇淋总是想唱歌。

我三个亲密的女人都嗜冰。秀丽割扁桃腺、生产后，病房的冰箱里都储备着几桶冰淇淋。冰淇淋能令人忘记疼痛。长女珊珊幼小时，有天我为了讨好她，买了一堆"旷世奇派"、"杜老爷甜筒"和"情人果脆冰棒"存放在冰箱，可惜她过敏，妈妈规定暂时不能吃冰，这个乖女孩强忍舔食的冲动，仰望着冷冻柜，楚楚可怜地央求：

"爸爸，抱我看冰。"

珊珊求学的过程，每次考完试，犒赏自己的方式，是要求妈妈带她搭捷运到 SOGO 百货，也不到处逛逛、购物，直接就去吃一球 Häagen-Dazs，吃完抹抹嘴说："回家吧。"

冰淇淋的意象之于她，几乎等同于百货公司。这种冰晶小而柔软的甜品，以松软、甜美、冰凉的形式和内涵，连接了每个人的记忆，吾人从乳牙吃到假牙，世间大概很难有舌头能抵拒这种绵密细致的零食。我有时翻阅三个女人的照片，发现比较甜美的表情，多是吃完冰淇淋之后拍的。

早年美国的"福乐"、"三一"冰淇淋，本土的"小美"、"义美"冰淇淋，陪伴我们这一代的成长岁月，尤其中年以上的人，多有追逐单车卖冰淇淋的喇叭声的经历，也不免会怀念隔壁街坊制冰的马达声，这些声音才是五六十年代生活的主调，"反攻大陆"只是梦幻之音。

冰淇淋之所以能独具绵密细致的口感，源自里面的乳脂成分，乳脂含量直接决定冰淇淋的品质，然而高乳脂却对温度非常敏感，稍微失控即口感全毁。

"杜老爷"是台湾中价位冰品的第一品牌，我偏爱其甜筒和旷世奇派，这两种冰品的开拓性强，充满想象力和创意。我尤其欣赏其甜筒的外皮，花生结合巧克力，总能表现令人迷恋的香味；加上里面的冰淇淋，和包裹冰淇淋的脆饼，结构完整，不像一般饼皮容易塌软，非但能隔绝水分，亦有效延长了香气，强化了风味。成功的行销，和绝对的市场占有率，使杜老爷甜筒形同锥形饼干冰淇淋的代名词。旷世奇派是我家的常备雪糕，特别是榛果那堤、巧克力两种口味，冰淇淋之外披覆巧克力，巧克力之外再黏附口感甚佳的饼粒，三层式组合在台湾的雪糕界中是创举，甜味的层次丰富。

住家附近有几间生意兴旺的麻辣火锅店，店门口都摆设巨幅广告立牌，昭告过往路人：里面供应有 Häagen-Dazs、卡比索、莫凡彼……很多人选择火锅店，是以冰淇淋为指标；很多麻辣火锅店唯一的美德，是无限量供应这些名牌冰淇淋，女儿双双就是为了冰淇淋才爱上火锅的。我经验过不少糟糕的麻辣火锅店，食材、卫生、口味都粗不可耐，所幸有名牌冰淇淋坐镇，使人们宽容了火锅的低劣鄙俗。

"卡比索"是我的新欢，其口感细致，甜度准确，堪称台湾冰淇淋的骄傲品牌，它亦属南侨集团旗下的"皇家可口"，曾代理Häagen-Dazs 十年，制造、行销的经验丰富，难怪出手不凡。我较常吃草莓、花生巧克力和"烈火情人冰淇淋"，后者内含朗姆葡萄、香草与巧克力布朗尼三球冰淇淋，用俄罗斯伏特加与柑橘酒烧至沸腾后点火，浇上巧克力，冰火交融，呈现刺激的味觉感受。

　　台湾位处亚热带，吃冰若吃饭。八十年代，台湾犹是冰品低度开发市场，平均每人每年消费 1.1 升上下，远低于香港的 6 至 7 升。人们只有夏天才吃冰，也无特殊偏好，冰品皆在 3 元至 5 元之谱。如今，价格贵了，冬天也时兴吃冰淇淋了。这几年，台湾的冰品日新月异，种类之多，口味之繁，足以傲视世界上的冰品先进国家。西门町冰店"雪王"成立于 1947 年，虽是老品牌，精神却非常前卫，堪称冰淇淋界的激进分子，研发了一些奇特的口味如九层塔、麻油鸡、米糕、苦瓜、肉松、金门高粱，达七十三种，我和我的三个女人倾向西瓜、水蜜桃、大红豆口味。

　　冰淇淋的制作和原料简单，可谓一种简单的幸福，它提醒世人：幸福感是容易达到的。名牌冰淇淋的魅力，不仅常驻自助式火锅店，更早已从超市攻占各种餐馆、咖啡厅、五星级酒店、KTV 和各种主题乐园，好像有笑容的地方，就有冰淇淋。

杜老爷

品项：旷世奇派、特级甜筒、情人果脆冰棒

Salt & Bread 卡比索俄罗斯餐厅

地址：台北市永康街 6 巷 13 号

电话：(02) 3322-2345

营业时间：周一至周五 10:30—23:00
　　　　　周末 09:30—23:00

雪王冰淇淋

地址：台北市武昌街 1 段 65 号

电话：(02) 2331-8415

营业时间：12:00—22:00

二奶咖啡

台灣古早味
辦文囍茶杯
具民俗普羅趣味趣

大家约好要去"溪洲楼"吃鱼，康来新说时间还早，不如先去"大溪湖畔"喝咖啡，聊天，欣赏美景。

大溪湖畔在石门水库岸边，有俯瞰阿姆坪最宽阔的水湄视野，露天咖啡座隔水正对着双峰，是那种令人一眼就陶醉的风景。我点了该店的招牌"二奶咖啡"，其他人都点水果茶。这杯咖啡以意式浓缩咖啡为底，咖啡上用鲜奶、奶油制成女人的乳房形状，惟妙惟肖，尖端处各放一粒咖啡豆装点成乳头；连附属甜品也是乳房般的红豆麻糍，麻糍上也各点缀着一粒葡萄干。

二奶咖啡刚端来时我只是有点尴尬，横陈面前的其实是两对秀美的乳房。附属的麻糍比较小，也比较"写意"，相对容易对付，我一口一个很快就塞进嘴里；可那杯咖啡上的二奶实在太引人遐思了，形状神似得令人慌张，这杯咖啡令汤匙显得多余，令我一时手足失措，不知如何享受。我甚至能感觉那对秀挺的双峰充满温润的奶味。

然则我发现杨牧、夏盈盈、康来新，和当时中大的校长刘全生夫妇都打量我，使用鼓舞的眼神示意我品尝。眼前的山水那么美，为什么老看着人和咖啡？我后悔点了这杯咖啡，本来打算趁大家不注意时，搅散那二奶，胡乱把咖啡喝掉。一时迟疑，他们现在都带着奇怪的微笑盯着人，我有点自惭猥亵，好像是被抓奸在床的淫棍。忽然觉得粼粼波光有点刺眼，亮得眼前的山水浮动起来，不太真确。我听到不断催促的话语：

"喝啊，喝啊，你怎么不喝？"你们都这样看着我，我怎么喝？何况如果直接端杯子喝咖啡，上面的奶不免会沾上了脸，那奶做得太漂亮了，谁忍心摧毁它的形状？

"你可以先吃咖啡豆啊，或者吸吮，或者舔，或者咬……"

我忘记后来是如何处理那窘境的，也许没有处理，无论如何我都想不起来那杯二奶咖啡的滋味。

无独有偶，大溪邻近和平老街的"溪友缘"最著名的菜是"包二奶"，其实就是客家风味菜梅干扣肉的变奏：将三层肉切成约三米长的薄片，包裹霉干菜绕成陀螺状，文火慢炖，成品上缀饰一粒鲜艳粉红的渍樱桃，像一粒饱满欲胀的乳房。

餐馆主人挪用时下流行的台商语汇，创造了这杯性感咖啡和那道胀奶般的梅菜扣肉。我总觉得，二奶咖啡、包二奶代表了台湾人独特的生猛幽默感。

大溪湖畔

地址：桃园县大溪镇复兴里湳仔沟 21 号
电话：(03) 3888853
营业时间：平日 09:00—20:30，
　　　　　假日 08:00—20:30

溪友缘

地址：桃园县大溪镇仁爱路 9 号
电话：(03) 3877769
营业时间：12:00—14:00，17:00—22:00

韭菜柴鱼

此魚又名花身婆阿眠魚

家庭旅游来到七星泽，先逛柴鱼博物馆，里面飘散着烟熏气味，烘焙区、展示区、DIY 体验区，空气中洋溢着柴鱼香。花莲海域盛产鲣鱼，孟夏，鱼群随黑潮北上涌至，七星潭遂成为重要的柴鱼工厂，柴鱼博物馆是老柴鱼工厂转型改建。

七星潭并非湖泊，而是弧型的砾石海湾，又称月牙湾，海湾末端连接着中央山脉，平地拔起。现在已规划有赏景步道、海边亭台、观日楼、赏星广场等设施，海滩上布满了鹅卵石。此处邻近空军基地，飞机降落的航道，从前我来，坐在海滩，忽然就有飞机低空掠过，花莲朋友总夸张地警告：快低下头，别撞到飞机。

每次走进海产店或米粉摊，总会点食"韭菜柴鱼"。这道传统台式料理，制作很简单：先汆烫韭菜根部，再全部浸入沸水，接着放进冰水中，捞起，沥干后切段，束成条状，淋上拌匀的姜末、蒜末和日式酱油，放上柴鱼片。

大啖螃蟹、虾、鱼，或脂味浓厚的猪皮、嘴边肉、猪舌头之前，先品尝韭菜柴鱼，好像替胃肠开道。吾甚爱韭菜，无论当馅料包水饺、韭菜盒、蚵嗲，或用来炒米筛目、豆干、鹅肠、鸭肝……都充满魅力，惟一的缺点大概就是塞牙缝。

春韭以韭白最受欢迎。韭白长而肥，口感柔嫩细致，辛辣味淡，采收前一个月，韭农会在根部铺上厚厚一层木屑，以延长韭白。袁枚《随园食单》叙述韭白做法："韭，荤物也。专取韭白，加虾米炒之便佳。或用鲜蚬亦可，蚬亦可，肉亦可。"非惟韭白，韭菜花、韭黄亦美，清水人常做的"黄金饭"即以韭黄拌炒虾米、香菇、米粒，再入锅煮熟。

夜雨剪春韭在中国文学中俨然是友谊的隐喻，现代诗人似乎继承了这样的象征传统，如张错借春韭怀人："只是每逢连夜苦雨／总缺一束春韭／或是一个久无音讯／飘然前来的旧友。"一盘炒面加了韭菜，立刻提升了质地。每次去台东总会去"榕树下米苔目"，那碗干米筛目之所以美味，大概是有大量的韭菜、柴鱼和豆芽。餐桌上的柴鱼乃受到日本文化影响；加入韭菜，变成台湾一道庶民小菜。

柴鱼因坚硬如木，故称木鱼（鲣节，かつおぶし），原料以鲣鱼为佳，去头尾和内脏，取腹部后方的鱼肉，丁燥熏制；做法是先煮熟鲣鱼，拔刺，熏干，反复日曝，再置阴凉处静待发霉，木质化；制程宛如在放牧微生物，需费时甚久，食用时多先刨成薄片。好柴鱼刨下来须完整而宽薄，纹路细致清晰，色泽淡，芳香。最高级的柴鱼唤"本枯节"。

柴鱼能增添食物鲜味，是日式高汤的灵魂，日本料理的基调，堪称食物中的日本符码，诸如味噌汤、茶泡饭、野菜杂炊等等；日本人放些柴鱼片在白饭上，淋上酱汁，是为"猫饭"（ねこまんま）。台湾人常用柴鱼片调味凉拌豆腐。韭菜结合了柴鱼，重新定义了它的味道，

这是我素所服膺的简单美学，结构简单，其哲理却丝毫不简单。美味何需元素多？最近参加了几场座谈会，发言人数几十，彼此间没有对话，殊少交集，各自表述意见又多自我吹嘘；像材料、元素过繁的菜肴，辣、咸、麻、甜、酸兀自演义自己的话语（discourse），互相间格格不入，形成味道的无政府状态。尊敬的书记尊敬的秘书长尊敬的主席尊敬的院长尊敬的主任，除了尊敬的大闸蟹，餐桌上没有食物，豆干太硬，鱼太腥，肉太咸，花生半生不

熟，蛋不新鲜，面条也馊掉了，咖啡苦涩。

韭菜的生命力旺盛，却非常敏感柔弱，既怕冷又怕热，予人珍重感，疼惜感。氽烫韭菜身段柔软，可躺可立；柴鱼则像阳刚的陪伴。两物各自独食都显孤独，结合在一起，发展出融洽的山海之情。

一般蔬菜多恬淡寡味，韭菜则气味强烈，个性独特，没有心机，不在乎世俗的眼光。韭菜柴鱼是凉拌菜，辛香而冷静，先经过沸水翻滚，再浸泡冰水，挽留着翠绿本质，仿佛激情之后洗涤出清凉自在。

榕树下米苔目

地址：台东市大同路 176 号
电话：0963-148519
营业时间：06:58-14:30

冻顶乌龙茶

臺灣
日治時代
南投燒
製圓口
茶杯已盡
李蒼妮

少年时代起，喝过最多的台湾茶莫非冻顶乌龙，台湾茶叶也以它名气最大，其风味、韵律，固执出许多台湾人的品茗美学。

台湾乌龙茶源自安溪，连横《台湾通史》载："台湾产茶，其来已久。旧志称水沙连之茶，色如松罗，能避瘴却暑。至今五城之茶，尚售市上，而以崧顶为佳。"《雅堂文集》对铁观音评价不高："安溪之茶曰铁观音，亦称上品，然性较寒冷，不可常饮。若合武夷茶泡之，可提其味。乌龙为北台名产，味极清芬，色又浓郁，巨壶大盏，和以白糖，可以祛暑，可以消积，而不可以入品。"推测雅堂先生当年所饮的乌龙，并非现代风味，否则不会用到白糖。

虽然如此，雅堂先生亦有诗颂赞："北台佳茗说乌龙，花气氤氲茉莉浓。饭后一杯堪解渴，若论风味在中庸。"余喝乌龙数十年，尚不曾饮过茉莉花香者，可见制茶技艺已大异其趣。

不仅乌龙茶，台湾北部生产的茶叶皆移植自闽南，异于水沙连山中土产茶；水沙连乃今日竹山、鹿谷及日月潭、埔里一带。清末已有冻顶乌龙茶，产地在南投县鹿谷乡，早期发源于彰雅村、凤凰村、永隆村，后来遍及鹿谷全乡。

"南洋爪哇一带多饮乌龙茶，味颇不恶"，林景仁诗作《乌龙茶》自注："台湾茶多以茉莉花熏炙之，失去真味，惟乌龙茶不尔。"

> 暑渴涤条枝，行商竞就时。
> 俗能除茉莉，芳独带柔荑。
> 却怪乡亲者，癖还嗜武夷。
> 感君一团意，易种匪吾思。

诗中所述"条支"乃古国西域，地当今伊拉克境。林景仁惯饮武夷岩茶，对朋友馈赠的台湾乌龙茶，悉谢却之。可见当年台湾的乌龙茶质量不佳。

展开的乌龙茶叶有青蛙皮般灰白点，叶间卷曲成虾球状，叶片中间淡绿色，叶底边缘镶红边，称为"绿叶红镶边"或"青蒂、绿腹、红镶边"。起初，从武夷山移植到台湾，种植于台北山区，慢慢往南扩展。台湾自日据时代即致力于茶树的品种改良，辅以适当的茶园管理，渐渐培育出高质量茶种，如"金萱""翠玉"。

台湾产制的乌龙茶主要出口地为英、美两国，因质量优良，声誉价格都高涨，并受到美国外交官的夸赞。赖子清（1894—1988）《乌龙茶》叙述乌龙茶的制法，萎凋、炒青、揉捻、烘焙，以及茶汤的色泽、喉韵、气味：

> 夏日文山采露芽，因时制或转红茶。
> 槽揉叶卷青教杀，釜焙温生火漫加。
> 色艳杯斛浓似酒，味清瓶贮淡于花。
> 北台方物多输出，声价年来美领夸。

美食家唐振常初品乌龙，非常惊艳，乃决然移情别恋："赏其佳妙，从此一改积习，弃喝了几十年的绿茶如敝屣，日常在家，非台湾冻顶乌龙断档不喝。"他比较安溪和台湾的乌龙茶："台湾茶粒粒大小一致，整齐可观，一筒见底，亦无碎末。安溪茶就难看多了，大小异样，干枯瘦弱，取不及半，已是叶末，喝时，母杯中碎屑必入嘴中。"

制茶工序累积了两千多年的技艺，乃结构繁复的创作。乌龙茶属青茶类，主要以青心乌龙为原料制成的半发酵茶；茶叶呈墨绿色泽，边缘略显金黄。茶汤呈琥珀色，清丽，有明亮感，带着熟果、香花气味。相对于东方美人茶的重发酵，轻烘焙；冻顶茶采中发酵，重烘焙，总是透露出清晰的焙火韵味。发酵、焙火的轻重，是一种艺术构思。

酵度系指茶叶内含之儿茶素在制茶过程中转化的程度，特别的制茶技术在于：茶青烘干后，以布包成球状反复揉捻，令茶叶呈半球状，唤"布揉制茶"或"热团揉"。

一切都为了抓香，抓住它最香之前的香，有一种好花看到半开时的意志。这全靠制茶师傅的经验，制茶师傅不时会打开布团嗅闻，只要一出现他要的香气，立即杀青，杀青后就是静置回润：以湿布覆盖着杀青叶，令它继续发酵，并让叶汁分散至叶面以利揉捻。

郑板桥的题画诗作得极好，总是清新雅致，画面感十足，诸如：

> 不风不雨正晴和，翠竹亭亭好节柯。
> 最爱晚凉佳客至，一壶新茗泡松萝。
> 几枝新叶萧萧竹，数笔横皴淡淡山。
> 正好清明连谷雨，一杯香茗坐其间。

冻顶乌龙的名字，最能呼应美和自然；仿佛终年积雪的山头，其实海拔仅数百米。品茗时，常听茶友点头品评：有山头气。

高山乌龙茶制作时降低发酵度，只干燥，不烘焙，以表现清香风味，即所谓山头气。冻顶茶晚近因高山茶流行而式微，我们怀念那熟香风味。有些茶农力图振作，制作早期重发酵的风格，名曰

"红水乌龙"。

弗朗西斯·萨尔特（Francis Saltus Saltus，卒于 1889 年）在一首十四行诗《瓶与壶》（*Flasks and Flagons*）中盛赞乌龙茶如何激荡心神和想象：

> 滴落琥珀红带我回到
> 冥想的蒙古塔矗立，
> 纹彩翻扬的旌旗，钟钹铿锵渐渐远行；
> 我听到盛宴和欢腾，
> 闻到，远比花香甜美，
> 燕山亭，乌龙茶的芬芳！
> (Thy amber-tinted drops bring back to me
> Fantastic shapes of great Mongolian towers,
> Emblazoned banners, and the booming going；
> I hear the sound of feast and revelry,
> And smell, far sweeter than the sweetest flowers,
> The kiosks of Pekin, fragrant of Oolong！)

也许是因为受到山岚云雾的滋润，增添了想象和情感。数十年来，我一直深爱着冻顶乌龙茶，爱它喉韵圆滑，醇厚，绵长，无论独饮或共品，仿佛真能够涤洗俗虑，暂时离开烦恼。

饮冻顶乌龙，好像在追求内心的平静，总是诗意冲动。我甚至觉得茶汤是感情，敏锐吾人的心神；美好的记忆逐一苏醒，过去和现在交谈。

附录　本书推荐餐饮小吃

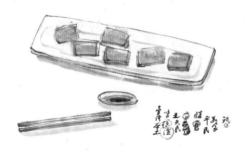

基隆

天妇罗

（天妇罗、甜不辣、关东煮和黑轮）

地址：基隆庙口第16号摊
营业时间：11:00—21:00

纪家猪脚原汁专家

（白汤猪脚）

地址：基隆市爱四路29号前
电话：02-24250853
营业时间：16:00—02:00

吴家铛边趖

（铛边趖）

地址：基隆市仁三路庙
　　　口27-2号摊
电话：02-24237027
营业时间：11:00—24:00

林记猪脚原汁

（白汤猪脚）

地址：基隆市义二路2巷4号
电话：02-24270229
营业时间：10:00—20:00　周一休息

邢记铛边趖

（铛边趖）

地址：基隆市仁三路庙
　　　口27-3号摊
电话：02-24260043、(M)0937-865733
营业时间：14:30—01:00

圳记红烧鳗羹

（红烧鳗）

地址：基隆夜市爱四路30号前
营业时间：17:00—24:00

炭烧蚵仔煎

（蚵仔煎）

地址：基隆市仁三路庙口36号摊
营业时间：11:00—24:00

苗栗

福欣园

（客家小炒）

地址：苗栗县铜锣乡福兴村中山路
　　　62号
电话：037-983345、981561
营业时间：11:00—14:30　17:00—21:00

台北

野山土鸡园
(土鸡城，绿竹笋)

地址：台北市文山区老泉街26巷9号
电话：02-29370437，20300640
营业时间：周一至周五 16:00—22:00
　　　　　节假日 11:00—23:00

老娘米粉汤
(米粉汤)

地址：台北市木栅路1段227号
电话：02-22367889
营业时间：16:30—24:00（周日休息）

巷仔内米粉汤
(米粉汤)

地址：台北市景美街117号前
电话：0935—633673
营业时间：17:30—24:00

鹅妈妈
(沥仔面)

地址：台北市文山区景美街
　　　　37-3号（景美商圈72号摊）
营业时间：12:00—22:30，周一店休

张阿姨猪血糕
(猪血糕)

地址：台北市景文街69号
电话：0921—957393
营业时间：19:00—22:30

小李猪血糕
(猪血糕)

地址：台北市中正区罗斯福路4段
　　　　136巷1号之3（东南亚戏院前）
电话：02-2368—3417
营业时间：16:30—23:30

得记
(凤梨酥)

地址：台北市罗斯福路4段26号
电话：02 23673611
营业时间：07:00—22:00

峨嵋餐厅
(客饭)

地址：台北市罗斯福路3
　　　　段316巷8弄10号
电话：02-23655157
营业时间：11:00—14:00，17:00—21:00

大福利排骨大王
(炸排骨)

地址：台北市罗斯福路3
　　　　段286巷12号
电话：02-23651009
营业时间：11:00—20:30

醉红小酌
(吴郭鱼)

地址：台北市罗斯福路3
　　　　段240巷1号
电话：02-23678561
营业时间：10:30—14:00，17:00—21:30

莫宰羊
(羊肉炉)

地址：台北市新生南路3段28号
电话：02-23691466
营业时间：11:00—14:00,17:00—01:00

阿鑫面线
(大肠面线)

地址：台北市师大路39巷8号
电话：02-23633695
营业时间：12:00—00:00

鸭肉扁

（沏仔面）

地址：台北市中华路1段98-2号

电话：02-23713918

营业时间：09:30-22:30

玉林鸡腿大王

（炸排骨）

地址：台北市中华路1段114巷9号

电话：02-23714920

营业时间：11:00-21:00　　周一店休

雪王冰淇淋

（冰淇淋）

地址：台北市武昌街1段65号

电话：02-23318415

营业时间：12:00-22:00

老艋舺咸粥店

（咸粥）

地址：台北市西昌街117号1楼

电话：02-23612257

营业时间：06:00-14:00

亚东甜不辣

（天妇罗、甜不辣、关东煮和黑轮）

地址：台北市西园路1段56号

电话：02-23884259

营业时间：08:10-18:00

新东南海鲜料理

（炒米粉）

地址：台北市汀州路1段105号

电话：02-23322898

营业时间：11:30-14:00，17:00-24:00

乌顶关东煮

（天妇罗、甜不辣、关东煮和黑轮）

地址：台北市师大路49巷3-1号

电话：02-23686659

营业时间：17:00-23:30

向日葵花园餐厅

·（简餐）

地址：台北市和平东路1段141巷7号之2

电话：(02) 2391-9722

营业时间：11:30-01:00

阿正厨房

（卤肉饭）

地址：台北市安和路2段20巷8号

电话：02-27025276、27025277

营业时间：11:30-14:30 17:30-21:30

阿宗面线

（大肠面线）

地址：台北峨嵋街8号之1

电话：02-23888808、23610099

营业时间：11:30-23:30

美观园

（台式日本料理）

地址：台北市峨嵋街36号、和47号

电话：02-23317000、23316177

　　　23310377、23618777

营业时间：11:00-21:00

老王记牛肉面大王

（川味红烧牛肉面）

地址：台北市桃源街15号

电话：0937-860050、0919-936811

营业时间：周一至周五10:00-21:00，周末10:00-20:20

台北

牛爸爸牛肉面
（川味红烧牛肉面）

地址：台北市忠孝东路 4 段 216 巷 27 弄 16 号
电话：02-27783075
营业时间：11:00-21:00

清真中国牛肉馆
（川味红烧牛肉面）

地址：台北市延吉街 137 巷 7 弄 1 号
电话：02-27214771
营业时间：11:00-14:30, 17:00-21:00

阿里不达太监羊肉炉
（羊肉炉）

地址：台北市忠孝东路 5 段 558 号
电话：02-23465868
营业时间：11:30-01:00

洪师父面食栈
（川味红烧牛肉面）

地址：台北市建国北路 2 段 72 号
电话：02-25006850
营业时间：10:00-03:00

民乐旗鱼米粉
（米粉汤）

地址：台北市民乐街 3 号
电话：0933-870901
营业时间：06:30-12:30

第一寿司屋
（台式日本料理）

地址：台北市南京西路 302 巷 9 号
电话：02-25581450
营业时间：11:30-15:00, 17:00-21:00

邱家台南虱目鱼粥
（虱目鱼）

地址：台北市中华路 2 段 307 巷
电话：(M)0921-052172
营业时间：06:30-13:00

北海渔村
（炒米粉）

地址：台北市杭州南路 1 段 8 号（近忠考东路）
电话：02-23576188, 23576189
营业时间：11:00-14:30, 17:00-21:30

钰善阁
（素美食）

地址：台北市北平东路 14 号 1 楼
电话：02-23945155
营业时间：11:30-14:00, 17:30-21:00

Salt & Bread 卡比索俄罗斯餐厅
（冰淇淋）

地址：台北市永康街 6 巷 13 号
电话：02-33222345
营业时间：周一至周五 10:30-23:00,
　　　　　周末 09:30-23:00

大来小馆
（卤肉饭）

地址：台北市丽水街 13 巷 2 号
电话：02-23567899
营业时间：11:30-14:00, 16:30-22:00

皇家黄牛肉面
（川味红烧牛肉面）

地址：台北市青岛东路 9 号
电话：02-23943330
营业时间：11:00-20:30

金泉小吃店（卖面炎仔）

（泅仔面）

地址：台北市大同区安西街
　　　106 号（永乐国小后门）
电话：(02) 2557-7087
营业时间：09:00-17:00
　　　　　（往往下午两三点即卖完）

呷二嘴

（筒仔米糕）

地址：台北市甘州街 34 号
电话：02-25570780
营业时间：09:00-17:30

阿兰炒饭

（镶边趖）

地址：台北市保安街 49 巷内
　　　（慈圣宫口）
电话：(M)0926-099090
营业时间：09:00-16:00

许仔的店

（白汤猪脚）

地址：台北市保安街 49 巷 17 号
　　　（慈圣宫前）
电话：(M)0952-005739
营业时间：10:30-19:30

叶记肉粥

（咸粥）

地址：台北市保安街 49 巷 32 号
　　　对面（慈圣宫前）
电话：(M)0916-836699
营业时间：09:00-16:00

新竹旗鱼米粉

（米粉汤）

地址：台北市延平北路 3 段 83 号
电话：02-25854162
营业时间：晚上

京园素食餐厅

（素美食）

地址：台北市松江路 330 巷 22 号
电话：02-25420713、25434309
营业时间：11:00-14:00、17:00-21:00

富霸王

（卤肉饭）

地址：台北市南京东路 2 段
　　　115 巷 20 号
电话：02-25071918
营业时间：11:00-20:30，周日休息

以辣之名

（猪血糕）

地址：台北市松山区南京东
　　　路 4 段 133 巷 5 号 4 号
电话：02-25467118、25467119
营业时间：11:30-14:00、17:30-22:30

财神台南担仔面

（担仔面）

地址：台北市民生东路新中街 6 巷 1 号
电话：02-27611887
营业时间：11:30-21:00，周一休息

古厝茶缘

（土鸡城）

地址：台北市天母东山路 25 巷 81 弄 29 号
电话：02-28731081
营业时间：11:30-24:00，周一休息

老顺香饼店

（凤梨酥）

地址：台北县新庄市新庄路 341 号
电话：02-29921639、29921679
营业时间：09:00-24:00

台北

阿华鲨鱼烟
（鲨鱼烟）

地址：台北市凉州街 34 号前
电话：02-25534598
　　　(M)0918-741666
营业时间：11:00-19:00，周一休息

柴寮仔鲨鱼坚
（鲨鱼烟）

地址：台北市凉州街 1 号前
电话：02-25576170
营业时间：周一至周六 12:00-20:00

昌吉红烧炖鳗
（红烧鳗）

地址：台北市昌吉街 51 号
电话：02-25927085
营业时间：10:30-01:30

猪屠口昌吉街猪血汤
（猪血汤）

地址：台北市昌吉街 46，48 号
电话：02-25961640
营业时间：10:00-21:00

好记担仔面
（担仔面）

地址：台北市吉林路 79 号
电话：02-25215999
营业时间：11:30-03:00

金吉林家养生蔬菜羊
（羊肉炉）

地址：台北市吉林路 327 号
电话：02-25925174
营业时间：17:00-04:00

"重"炭烧火炭羊肉炉
（羊肉炉）

地址：台北市民权东路 2 段 135 巷 31 号
电话：02-25036213
营业时间：16:00-01:00

老晴光张妈妈切仔面
（沏仔面）

地址：台北市农安街 2 巷 4 号
电话：02-25916793
营业时间：周日店休

忠南饭馆
（客饭）

地址：台北市仁爱路 3 段 88 号
电话：02-27061256
营业时间：11:00-14:00，17:00-20:30

田园台湾料理
（炸排骨）

地址：台北市东丰街 2 号
电话：02-27014641
营业时间：11:00-14:00，17:00-21:00 周一店休

鲜
（炒米粉）

地址：台北市北宁路 24 号
电话：02-25791650
营业时间：11:30-14:00，17:30-22:00

小张龟山岛现捞海产
（海产店）

地址：台北市辽宁街 73 号
电话：(M)0927-808693
营业时间：16:30-01:00

林圆大粒肉圆

（肉圆）

地址：台北县板桥市府中路 104 号

　　　（捷运府中站）

电话：02-22727712

营业时间：10:50-21:00

三叶美食海鲜

（红烧鳗）

地址：台北县万里乡野柳材港东

路 74 之 16 号（野柳国小正对面）

电话：02-24923132

营业时间：10:00-21:00

金枝红糟　（素）肉圆

（肉圆）

地址：台北县瑞芳镇基山街 63 号

电话：0939-093396,02-24969265

　　　24666445

营业时间：10:00-19:00

　　　周六 09:00-23:00，周日 09:00-20:00

牧童遥指客家村

（客家小炒）

地址：台北县三峡镇中园

　　　街 126-21 号

电话：02-26728192

营业时间：平日 11:00-14:30,17:00-21:30

　　　假日 11:00-21:00

杜老爷

（冰淇淋）

品项：旷世奇派，特级甜筒，情人果脆冰棒

舜德农庄休闲餐厅

（绿竹笋）

地址：台北县深坑乡文山路 1 段 62 巷 35 号

电话：02-26648888，26622952

营业时间：11:00-21:30

青青餐厅

（绿竹笋）

地址：台北县土城市中央路 3 段 6 号

电话：02-22691127，22696430

营业时间：11:00-22:00

海堤竹笋餐厅

（绿竹笋）

地址：台北县八里乡观海大道 28 号

电话：02-86305688

营业时间：10:30-21:00

霸味

（姜母鸭）

地址：台北县三重市重阳路 1

　　　段 98 号

电话：02-29877904

营业时间：17:00-02:00

帝王食补

（姜母鸭）

地址：台北县板桥市长江路 3 段 132 号

电话：02-22530360

营业时间：16:00-04:00

桃园

酿香居
(客家小炒)

地址：桃园县平镇市平东路25号
电话：03-4608088
营业时间：09:00-21:00

大溪湖畔
(二奶咖啡)

地址：桃园县大溪镇复兴里
　　　浦仔沟21号
电话：03-3888853
营业时间：平日 09:00-20:30
　　　　　假日 08:00-20:30

首乌客家小馆
(客家小炒)

地址：桃园县平镇市南丰路122号
电话：03-4692979
营业时间：11:00-14:00，17:00-21:00

溪友缘
(梅干扣肉)

地址：桃园县大溪镇仁爱路9号
电话：03-3877769
营业时间：12:00-14:00，17:00-22:00

水来青舍
(素美食)

地址：桃园县观音乡大同村12邻
　　　下大崛55-5号（新华路2段442号正对面）
电话：03-4989240
营业时间：10:00-21:00(19:30后停止供餐)，周一休息

溪洲楼
(吴郭鱼)

地址：桃园县大溪镇康庄路
　　　5段242巷3号
电话：03-4714878，4714879
营业时间：周一休息

田园美食屋
(简餐，川味红烧牛肉面)

地址：中坜市中央路216
　　　巷8-1号（"中央大学"后门）
电话：(03) 4203115
营业时间：12:00-14:00,17:00-20:00

百年油饭
(米糕)

地址：桃园县大溪镇民
　　　权路17号
电话：03-3881681
营业时间：11:00-20:00，周三店休

新竹

地中海景观餐厅
(海产店)

地址：新竹市南寮街241号
电话：03-5368688
营业时间：10:00-23:00

东德成米粉工厂
(米粉)

地址：新竹市延平一段317巷3弄47号
电话：03-5233530
营业时间：07:00-22:00

台中

牡丹亭
（菜尾汤）

地址：台中市西区五权西三街37号
电话：04-23755559
营业时间：10:30-22:00

太阳堂饼店
（太阳饼）

地址：台中市中区自由
　　　路2段23号
电话：04-22222662
营业时间：08:30-20:00

元园廖妈妈的店
（菜尾汤）

地址：台中市文心路3段205号
电话：04-22960667
营业时间：11:00-14:00，17:00-22:00

嘉味轩
（太阳饼）

地址：台中市模范街12巷5号
电话：04-23012180
营业时间：周一至周六09:00-22:30
　　　　　周日09:00-14:00

树德山庄
（菜尾汤）

地址：台中市南屯区丰乐
　　　里枫乐巷7号
电话：04-23823861
营业时间：17:00-02:00

阿明师老店
（太阳饼）

地址：台中市中区自由
　　　路2段11号
电话：04-22274007
营业时间：08:00-22:30

深海食堂
（海产店）

地址：台中市西区美村路1段94号
电话：04-23262649
营业时间：11:00-14:00，17:00-22:00

日出
（凤梨酥）

地址：台中市五权西三街43号
电话：04-23761135
营业时间：10:00-21:00

仙塘迹农园餐厅
（土鸡城）

地址：台中县石冈乡万仙街
　　　仙塘坪巷2号
电话：04-25810695，25823023
营业时间：11:30-14:00，17:00-20:30

咕咕霍夫
（凤梨酥）

地址：台中市美村路1段68号
电话：04-23297329
营业时间：09:00-21:00

台中

红瑛庭园餐厅
（土鸡城）

地址：台中市大坑里东山
　　　路2段光西巷75-1号
电话：04-22398203、24391452
营业时间：11:00-22:00

正兆蚵仔煎
（蚵仔煎）

地址：台中县丰原市中正
　　　路167巷3号
电话：04-25239235
营业时间：11:00-01:30

王塔米糕店
（筒仔米糕）

地址：台中县清水镇北宁里
　　　中兴街30之1号
电话：04-26223299
营业时间：09:00-20:30

台中肉员
（肉圆）

地址：台中市复兴路3段529号
　　　（近台中路口）
电话：04-22207138
营业时间：11:00-20:30

福宴国际创意美食
（咸粥）

地址：台中县清水镇中山
　　　路18号
电话：04-2622875
营业时间：11:00-14:00，17:00-21:30

彰化

阿三肉圆
（肉圆）

地址：彰化县彰化市三民路242号
电话：04-7240095
营业时间：11:00-19:00

老全猪血面线
（猪血汤）

地址：彰化县鹿港镇第一市
　　　场大明路口旁
电话：04-7779589
营业时间：08:00-18:00

光华亭
（蚵仔煎）

地址：彰化县鹿港镇中
　　　山路433号
电话：04-7772003、7772462
营业时间：11:00-21:00

嘉义

台湾省肉品运销合作社
(自然猪)

地址：嘉义县朴子市中兴路135号
电话：05-3790108

台南

阿铁鳝鱼意面
(鳝鱼意面)

地址：台南市西门路2段352号
电话：06-2219454
营业时间：14:00—21:00

茂雄虾仁肉圆
(肉圆)

地址：台南市保安路46号
电话：06-2283458
营业时间：09:30—22:00

老牌鳝鱼意面
(鳝鱼意面)

地址：台南市中西区沙卡里巴113号摊位
电话：06-2249686
营业时间：11:00—21:00

友诚虾仁肉圆
(肉圆)

地址：台南市开山路118号
电话：06-2244580，0933-333610
营业时间：09:00—20:00

老牛伯仔猪血汤店
(猪血汤)

地址：台南县玉井乡中正路100巷10号
电话：06-5743521
营业时间：05:30—13:00

阿憨咸粥
(虱目鱼)

地址：台南市北区公园南路169号
　　　(忠义路3段底交口)
电话：06-2218699
营业时间：06:10—13:00

阿美饭店
(菜尾汤)

地址：台南市民权路2段98号
电话：06-2264706
营业时间：10:00—21:00

高雄

雷达观景土鸡城
(土鸡城)

地址：高雄县田寮乡南安村岗安路100-14号
电话：07-6361916
营业时间：08:00-23:00

亚洲海产店
(海产店)

地址：高雄市小港区宏平路412号
电话：07-8030240
营业时间：10:00-14:00，16:00-24:00

花莲

江太太牛肉面店
(川味红烧牛肉面)

地址：花莲市中正路128号
电话：03-8320838
营业时间：11:00-14:00,17:00-20:30
　　　　　每月第二、四周的周二店休

台东

卑南猪血汤
(猪血汤)

地址：台东市卑南里更生北路76号
电话：089-229043
营业时间：10:00-19:00

榕树下米苔目
(韭菜柴鱼)

地址：台东市大同路176号
电话：0963-148519
营业时间：6:58-14:30

金门

老爹牛肉面
(川味红烧牛肉面)

地址：金门县金湖镇武德新庄26号
电话：082-334504，334980
营业时间：周五休息

金道地
(蚵仔煎)

地址：金门县金城镇前水头15号18支梁
电话：(082)327969，(M)0937-606751
营业时间：09:00-21:00

畫臺灣了菸酒公賣局日治時代稱煙酒
專賣局 此招牌係有編號許可証而呉 船曼

臺灣省
菸酒公賣局

菸酒
零售商
47128

香囝菸
零售商 03268